西方哲学大师经典精粹

【奥】阿尔弗雷德·阿德勒 著

星汉 译

阿德勒的人本主义
Alfred Adler

这样和世界相处

吉林出版集团股份有限公司

图书在版编目（CIP）数据

阿德勒：这样和世界相处 /（奥）阿尔弗雷德·阿德勒著；星汉译 . — 长春：吉林出版集团股份有限公司，2018.3

ISBN 978-7-5581-4637-4

Ⅰ . ①阿… Ⅱ . ①阿… ②星… Ⅲ . ①心理学—通俗读物 Ⅳ . ① B84-49

中国版本图书馆 CIP 数据核字（2018）第 008920 号

阿德勒：这样和世界相处

著　　者	［奥］阿尔弗雷德·阿德勒
译　　者	星　汉
责任编辑	齐　琳　史俊南
封面设计	颜　森
开　　本	710mm×1000mm　1/16
字　　数	100 千字
印　　张	14
版　　次	2018 年 8 月第 1 版
印　　次	2018 年 8 月第 1 次印刷
出　　版	吉林出版集团股份有限公司
电　　话	总编办：010-63109269
	发行部：010-69584388
印　　刷	三河市龙大印装有限公司

ISBN 978-7-5581-4637-4　　　　　　定价：39.80 元

如出现印装质量问题，调换联系电话：010-82865588

版权所有　侵权必究

在每个人的生活中,自卑感都不该被当作万恶之源,"处境"决定了它们是优点还是缺点。

——阿德勒

前　言

阿尔弗雷德·阿德勒是奥地利著名心理学家，著作有《儿童人格心理学》《神经症的性格》《器官缺陷及其心理补偿的研究》《理解人性》《生活对你应有的意义》等，其中《生活对你应有的意义》（《What Life Should Mean to You》，又译为《超越自卑》或《挑战自卑》或《自卑与超越》）获得广泛的关注，其被译为多种语言，在世界范围内影响广泛。

阿尔弗雷德·阿德勒在奥地利维也纳郊区的一个小镇出生，并在维也纳长大。父母是较富裕的犹太谷物商人，阿尔弗雷德是他们的第三个孩子。年少的阿尔弗雷德体弱多病，家庭生活并不幸福，这也导致他强调早期记忆对个体心理的重要影响。1895年他获得维也纳大学医学博士学位，最初是眼科与内科医生。然而他很快对与生理失调有关的心理学以及精神病理学产生兴趣，

1899年他遇见精神病理学权威弗洛伊德，并跟随弗洛伊德学习，成为当时精神病理学分析的核心成员之一，在1910年阿德勒担任维也纳精神分析学会主席一职，于1924年受聘为维也纳教育学院的讲师。1937年在苏格兰阿伯丁做旅行讲演时因突发性心脏病逝世。然而他所创立的个体心理学说却并没有因此而没落，被新弗洛伊德派学说所吸引的人继续着阿德勒的工作。

在早年生涯，阿德勒受到哲学家费英格（Hans Vaihinger）一本名叫《虚假的心理学》的出版物影响，认为人们很容易活在自卑情结（Inferiority Complex）与虚幻的心理境况中，而这样的情况很大程度上源自"男性倾慕"（Masculine protest）这一貌似正常的社会现象。阿德勒同弗洛伊德的分歧开始于1911年的魏玛精神分析会上，阿德勒公然对当时的精神病理学权威专家弗洛伊德的理论提出不同意见。强调社会因素在精神病理学中发挥的重要作用，而不认同弗洛伊德一直所推崇的性欲、生理等方面起决定性因素的论点，继而发展自己的人格理论。其学说以"自卑感"与"创造性自我"为中心，并强调"社会意识"的作用，甚至很大程度上否决了弗洛伊德认为精神病理学的最重要元素：俄狄浦斯情结、阴茎羡妒，等等。随后阿德勒亦离开了维也纳精神分析学会，自己创建了个体心理学派并组建自由精神分析研究会且自任会长，研究会又在1912年正式更名为个体心理学会。

阿德勒是"个体心理学"的创始人，人本主义心理学的先驱，现代自我心理学之父，他在精神分析学派内部创建了第一个反对弗洛伊德的心理学体系，由生物学定向的本我转向社会文化定向的自我心理学，这对后来西方心理学的发展具有重要的意义。

阿德勒认为每个人在幼儿时期，就渐渐形成了一种生活模式，根据此生活模式而形成生活的主观目标，但每个人的生活模式不同，因此每一个人的主观目标不完全相同，研究心理过程应以每个人的特殊心理经验为对象，因此阿德勒的心理学被称为"个别心理学"。阿德勒强调人格的统一，认为人类可以从整合与完整的观点来了解自身。此种看法强调人们的行为有一定目的，认为我们的未来远比过去重要。我们是自己生活的主角与创造者，并以独特的生活方式来展示我们的目标。我们创造自己，并不仅仅受到幼年经验的塑造。

阿德勒关于人类个性的理论促使阿德勒在1912年完

成了他的一部重要著作：《神经症的性格》，在这部著作里，阿德勒所主张的个体行为在社会中的效用被详细阐述。尤其是在个体无意识指导性支配自卑感与优越感而形成的心理问题，从而对社会规范道德提出控诉。如果不能及时纠正这样的不利因素，个体将会发展成为自卑、自私的极度个人主义，并表现出对权力、财富的强烈渴望。

阿德勒的观点对后来心理学的发展影响颇大，许多著名心理学家如阿尔伯特、勒温、马斯洛等都对他与他的观点产生了兴趣。1970年，马斯洛曾说："在我看来，阿德勒一年比一年显得正确。随着事实的积累，这些事实对他关于人的形象的看法给予越来越强有力的支持。"事实上，阿德勒被认为是人本主义心理学的先驱者之一。而目前阿德勒学派再一次受到重视，不只是旧学派的复苏，事实上也是其他治疗学派一直在想法与技术上受到阿德勒学派的影响。

最后，诚挚希望读者朋友们通过对这位心理学大师经典著作的阅读，能给日常生活中所遇到的问题提供一定的帮助和指导。

目 录

个体心理学

创造生命的力量 / 003

重要的不是遗传 / 007

心灵的缺憾 / 010

父母的影响 / 013

感觉与梦 / 016

辈分与早期回忆 / 018

自卑及其超越

自卑情结与优越感 / 023

    自卑情结表现各异 / 023

    狂妄的优越感 / 031

    神经病——对付现实的工具 / 035

自卑与生活方式 / 043

    生活的正常方式 / 043

    生活需要校正 / 050

自卑与早期记忆 / 053
  回忆的方式 / 055
  被纵容与被憎恨的 / 058
自卑的各类影响 / 061
  家庭影响 / 061
  学校影响 / 065
  青春期 / 071
  职业问题 / 081

洞察人性

灵魂 / 089
  决定心理生命 / 089
  目标超越的倾向 / 092
  群体生活的需要 / 097
心理现象 / 101
  游戏的态度 / 102
  专注才能 / 104

潜意识与梦 / 107

恋爱与婚姻 / 111

　　　平等的条件 / 111

　　　结婚准备 / 113

　　　婚姻顾问 / 115

生活的意义 / 119

　　　人类的维系 / 119

　　　共同分享 / 125

　　　奉献 / 127

　　　童年的经验 / 130

儿童人格教育

人格的统一性 / 146

优越感的教育意义 / 157

寻求优越感的指引 / 175

进入全新的环境 / 187

外在环境的影响 / 201

个体心理学

创造生命的力量

哲学家威廉·詹姆斯认为,真正的科学与生命有直接联系,也有人认为这样的科学是理论与实践密切结合的科学。正是因为生命科学以生命活动为基础,所以它也是源于生活的。这些要点是个体心理学的特殊力量所在。

个体心理学采用整体观来看待个体生活,个体的每一次反应、活动、冲动都是生活态度的显现。这样的科学有着重要的实际作用,因为我们可以靠它端正并改变我们的态度。因此,个体心理学不仅可以预言接下来的事情,也能像预言者约拿一样预言何事不会发生。

阿德勒：这样和世界相处

人类对生命创造力的探索引发出个体心理学。人们对成功的渴望就体现出生命创造力。这个创造力以达到目标为目的，并要求身体和心理的统一协调。因此，孤立且抽象地研究身体与心理情况是荒谬的。这就像在犯罪心理学当中我们更关心犯罪本身而忽视掉犯人，实际上犯人比犯罪本身更重要。如果我们只把两者孤立成特殊个案来研究，将永远无法真正了解犯罪动机。对同一个行动进行外在了解，在不同的事例上会得到有罪和无罪两类认识。因此我们应该重点了解决定个体一切行动与行踪方向的目标，通过这个目标我们能了解各种分别行动的隐藏意义。同时，我们研究整体中的部分，也会加深我们对整体的了解。

本人在行医期间对心理学产生了浓厚兴趣，这是因为行医促使我产生了解心理事实的目标。从医学的角度看，所有的器官都以它们固有的形式奋力向一个特定的目标发展。甚至大自然也会在器官发生损坏时来努力克服这个缺陷，或者取代损坏的器官。生命不息，生命力量也与外在的挫折一直在做斗争。

心理活动与器官生命的活动相类似。每个心灵都藏有超越现状的理想，并有对应的目标来克服目前的挫折或困难。个体若没有目标，其活动便不具任何意义。所有证据都表明，目标在生命早期形成，此时成熟人格的原型也开始发展。我们对这一过程进行想象：一个孱弱的小孩发现自己处于无法忍受的情境下，并感觉自卑，从而他努力朝着自己选择的固定目标前进。这种目标明显存在，我们暂且不研究其如何固定，但它已主掌了孩子的所有活动。在目标被固定之前，我们对力量、冲动、理性、能力或无能的了解很少，我们只有在看见生命有了某种倾向时才能预测到会发生的事情。读者容易对"目标"这个词产生朦胧的印象。其实拥有目标就是希望能够像上帝一样伟大，这当然是最终的目标。教育家在教导他们自己和他们的小孩像上帝一样完美的时候必须谨慎，事实上，孩子在他们的发展过程中有一种更为固定而及时的目标，他们会在周围寻找最强壮的人，然后将其当作自己的目标。这个人可能是父亲或母亲，我们发现，甚至一个男孩也可能会受到强壮母亲的影响而去模仿她。不久之后，小孩觉得马车夫是最强壮的人，从而又以马车夫为目标。

孩子一旦感知到这个目标，他们就会模仿马车夫的穿着，并学习其相关特性，但是当他们发现马车夫在警察面前显得无能后,目标就会转移。不久之后,他们看到教师有权力惩罚小孩,他们的理想就又会朝着成为教师而努力。

我们发现孩子根据自己的社会兴趣选择目标,这是一个具体的象征。一个男孩子表示将来要成为一个刽子手,这显示出他的社会兴趣是希望扮演上帝的角色,成为生命与死亡的主宰,所以他朝着无用的生命发展;成为医生的目标也有着相同的社会兴趣,但区别在于此目标是通过服务社会达成。

重要的不是遗传

包含目标的早期人格原型一旦形成,个体就有了固定的方向且落入相应的规划中,我们从而可以预测到生命中将要发生什么。既存的情境对于小孩来说没意义,因为他们只会根据自己兴趣的偏好来感觉。

我们发现一个有趣的现象:器官有缺陷的小孩会将经验与此功能相连接。比如,肠胃有问题的孩子会对吃有反常的兴趣;视觉有缺陷的孩子更关心与视力有关的事情。这与人人都具备的统觉相关。我们只要确定孩子哪个器官有缺陷,就能找到他们的兴趣所在。事情当然也不会这么简单,孩子并不会照着一个外来的观察者似的经验去面对器官缺陷的事实，而是根据他们自己的统觉。因此，当器官缺陷的事实成为孩子统觉中的一个要素时，外在所观察的缺陷并不会给予统觉任何暗示。

小孩沉湎于万物相对的统觉之中，却没有人能够获得全部绝对的真理，这是科学也无法做到的事。事物在不断变化，人人都会犯错，在变化的过程中最重要的是我们能够更正它们。在原型形成期较为容易纠正错误，一旦错过时机，以后再纠正时就需要回忆当时的整个情境。所以我们在治疗神经症患者时只有找到他在早期生命建立原型时所犯的根本错误，才有可能选用适当的治疗法来治愈他。

个体心理学认为应减少对遗传问题的重视。一个人有何遗传并不重要，重要的是这种遗传是否形成了孩童时期所建立的原型。尽管遗传性质必须为器官缺陷负责，但是我们的问题是弥补孩子的缺陷并将孩子置于有利情境中。因为当我们看到缺陷时，行动会相应地产生。通常情况下，一个没有任何遗传缺陷的小孩反而会营养不良，或者在接受教育时表现出很多问题。

以下是个体心理学提供的关于教育和训练神经症患者的计划，这些患者包括神经症的小孩、罪犯以及想要借酒逃避生活的酒鬼。

为了快速地找到问题关键，我们会首先询问症状最早出现的时间，这通常是在新的情境中发生的。在调查时我们发现并非如此，而是因为病人未准备好应付新情境。当他们在有利的情境下时，他们原型的错误就不明确。他们根据自己的原型对未知的新情境所创造出来的统觉进行行动，这种行动具有创造性且与他们的生命目标相一致。经验告诉我们，在学习个体心理学的早期应该除去遗传和个体部分的重要性，更应该努力研究可以让原型做出行动的统觉。

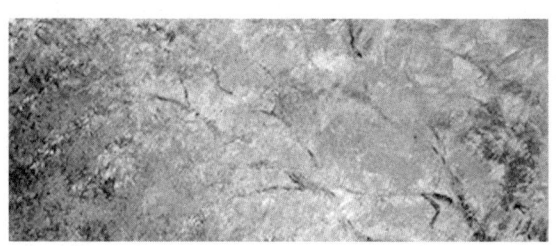

心灵的缺憾

我们发现人格糟糕的小孩具有很大的自卑感,且能在他们身上找到与神经病患者一样的心灵态度。强迫性神经症患者知道一直数窗户是没有用的,但是他们就是没办法停止,而对有用事物感兴趣的人则绝对不会有此举动。同时患者的语言与对事物的了解也有不健全的特征,他们绝不会发表具有社会兴趣的一般常识的言论。

常识判断和神经病患者的个人判断相比较,我们发现常识判断几乎是正确无误的。我们通过常识来区别好坏,当处在复杂情境下时我们通过常识来纠正错误。但是那些只关注自身的人却没办法运用这一点,实际上，他们因害怕自己的举止被观察者看清楚而宁愿背叛自己。

罪犯在接受问讯时总认为自己聪明又富有英雄气概，他们相信自己已经完成优越的目标，自认为比警察更聪明且凌越于别人之上。他们是自己心中的英雄，却不知道自己只不过是行动上异于常人而已，他们将行动置于缺乏社会兴趣的无用生活上，事实上这是缺乏勇气、性格胆怯的表现。他们通过把目标转到无用事物上来躲避黑暗和隔绝。而阻止犯罪的最佳途径，就是使每个人相信犯罪只是胆怯的表现。

有些罪犯会在30岁时改邪归正，找份工作，结婚生子过普通人的生活。这是因为30岁的小偷不可能有20岁小偷的聪明和强壮，而且30岁的罪犯已经被迫过着与其从前不同的生活。当犯罪不再带来利益，于是罪犯发现退休更为舒适。

如果我们对罪犯加重惩罚却没让他们产生畏惧，这会帮助他们相信自己是英雄。罪犯活在以自我为中心的世界中，缺乏真正的勇气、自信、共同感知或对一般价值的了解，从而没法加入社会。就如神经症患者、患有旷野恐惧症的人、不健全者、问题小孩或自杀的成人都很少参加聚会或结交朋友，他们有一个共同的原因：在他们的早期生活中都以自我为中心，他们的原型追随无用的生活并朝着错误的目标发展。

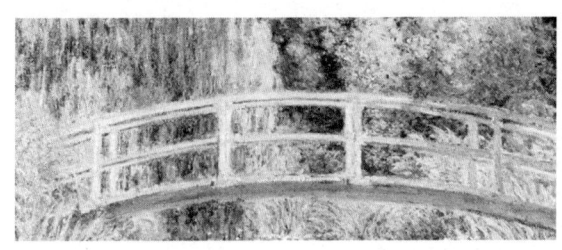

父母的影响

　　个人所遭遇的困难也会对发展产生重大影响，找出个人遭遇到何种困难的工作并不复杂。被纵容的孩子容易成为具有恨意的小孩，这是文明社会中的家庭不愿继续纵容孩子的原因。当一个被纵容的孩子到了学校时，他很快会发现自己处于新的社会情境中，要面对新的社会问题，但是他没有具备集体生活的经验，因而他不愿和新朋友一起写字或玩耍。事实上，在他原型形成时期有害怕此种情境的经历，他会寻求更多的纵容。我们可以从这种人的原型性质及目标中推断出他的特性绝非遗传所得，这是因为每个人都会根据自己的目标发展出固定的特殊性格。

生命原型在儿童 4 岁或 5 岁时即已建好，因而对原型的分析是次要的，我们必须寻找的是孩子在原型形成前后的印象，这些印象远超过我们正常成人所想象的想象点。

父母的滥教对孩子造成的压抑感是对孩子心灵最常见的影响。有压抑感的小孩会力求解放，有时还显示出心理排斥的态度。我们发现脾气暴躁的父亲所生的女儿常会有排斥男人的原型，而被严厉的母亲压抑的男孩会排斥女人。这种排斥态度以各种不同的方式表现出来，这种小孩可能会变得害羞，或者变得性欲异常（这只是排斥男人的另外一种方式）。这种淫荡并非遗传的，而是由数年内围绕着这个孩子的环境所造成的。

人们为孩童时期的错误付出很大代价，尽管如此，孩子依然只能靠自己去尝试，因为父母不会向小孩承认他们已经获得的成果，小孩也得不到多少引导。

在讨论这一问题时，我们不能过分强调惩罚、警戒和劝解的无效。当所有人都不知道如何改变，一切就成为定局，孩子会在这种情况下变得更为狡猾和懦弱。因为生命经验已与个人统觉相一致，我们不能通过惩罚和劝解以及经验来改变他们的原型，但当我们了解基本人格后就能形成变化。

感觉与梦

生命科学的另一个研究对象是感觉。目标不仅会对人的个性、身体的活动、表情和一般外在的症状产生影响,而且还主掌感觉的生命。人们总是凭借感觉来判定本身的态度,如果某人想要做一件好事,那这一意念会充斥并主掌着他的整个情感生命。

感觉总是与个人对工作的观点相一致,从而加强了个人活动的倾向。同时,感觉只是我们行动的附带物,所以我们也经常做没有感觉的事。个体心理学的最新成就之一就是发现了梦的目的,虽然到现在并未清楚地了解。任何梦都有目的,它的意义在于创造感觉或情感的某一活动，反过来情感也同样促进了梦的活动。旧的概念认为"梦是欺骗术"，这是因为我们用自己喜欢的行为方式做梦，梦成为醒着的行为态度和计划的情感预习，却永远不会转换为真实行为。从这点看来，梦只是情感幻想给予我们行动的刺激，确实具有欺骗性。

　　我们也能在日常生命中找到梦的特质。我们有着一种在情感上欺骗自己的强烈倾向，总是催促自己跟随四五岁时形成的原型的路去走。

辈分与早期回忆

很奇怪的是,即使是同为手足的两个孩子也不会在同样的情境下成长,围绕每个小孩的气氛也是各不相同的。长子具有与其他小孩明显不同的周围情境,一旦第二个孩子出生,他的重要地位就被剥夺,而他不喜欢这种改变,并认为这是生命中的悲剧。这使得在他原型的成形过程中加入悲剧意识并在成年的特质中凸显出来,个案史显示这样的孩子日后通常一蹶不振。

另一种虽在同一家庭却有不同环境的情况表现为:男孩被过分宠爱,而女孩则被看得一文不值。在这种环境中成长的女孩会形成犹疑和善变的性格,她们一生都会过分地陷于踌躇之中，并认为只有男人才能有所成就。

次子也具有特殊的地位，这与长子完全不同，他总有一个竞争者与自己并肩行事。通常次子会胜过他的竞争者，其原因在于较年长的孩子因多了一个竞争者而变得恼怒不已且多半被竞争所吓住，因而表现得不理想，让父母觉得越来越不满意从而开始欣赏次子。次子却因总是身处竞赛之中，从而会显示出不会屈从力量和权威的特质。

历史上有许多说明次子伟大的故事，约瑟夫就是其中一个典型例子。他离家后因为不知道家中又有小孩出生，一直自认为是家中最小的孩子从而想要凌越所有小孩。在传说中也能找到由最小的孩子扮演领导者的相同叙述。从中发现这些特质形成于孩童早期，一直要到个人领悟提升后才有可能改变。我们必须让人了解在孩童早期发生了什么，他的原型如何错误地影响了生命中的情境后，才能重新对他做出评估。

回忆即属于原型。比如，上文所说的第一种没有完整器官的小孩，假设他是因为胃有毛病，那么他所回忆到的可能都和食物有关；而对于一个使用左手的小孩来说，这种特殊行为会影响他的观点。而有人可能会说出有关母亲纵容他的情形，或是弟弟妹妹出生后的情形。如果他有一位脾气暴躁的父亲，那他的回忆就是如何挨打，或者一个具有恨意的孩子会回忆自己如何被攻击。如果我们懂得回忆的重要性，那所有这些指示都会被高度重视。而了解早期回忆需要具备高度的同情心，这是指认同个人孩童时期的能力。唯有凭借这种能力，我们才能了解长子因次子出生而对其个性产生重要的影响，以及一个脾气暴躁的父亲对小孩的伤害。

自卑及其超越

自卑情结与优越感

自卑情结表现各异

"自卑情结"是个体心理学的重大发现之一，并且被众多学派的心理学家所采用。然而我不能肯定，在他们依照他们自己的方式使用这个名词时，是不是真的理解或是全然无误。例如，如果心理学家告诉病人他有自卑情结，这不仅无用，反而会加深病人的自卑感，因为这种说法并没有提供克服自卑情绪的方法。我们要在病人的生活方式中观察其所反映的独特气质，并在缺少勇气时鼓励他。

虽然每个神经病患者都有自卑情结，但我们根本无法用"是否具有自卑情结"这一标准来将他们与其他病患者进行区分。正确的方式是，找出使病人觉得生活难以继续的情境种类，以及他的行为限制来将他与其他病人进行区分。

事实上许多神经病患者被问到他们是否觉得自卑时，他们会给出否定的答案，甚至会表现出自己优人一等，所以问这种问题毫无意义。我们所需要的是观察他们的行为，透过其行为，我们才能明白他们通过何种方式来维持自己的重要性。

比如，看到一个傲慢自大的人时，我们大致能得知他觉得自己被轻视，需要特殊的表现才能突出自己的强大；当有人说话时手势、表情过多，那么他是在通过反复的表现来强调自己所说的是极为重要的事情；在举手投足间处处故意要凌驾于他人之上的人，他很有可能有着某种需要特殊努力才能消除掉的自卑感。这就好比担心自己个子太矮的人，会挺直身子并紧张地保持踮起脚尖的姿势，以使自己看起来高一点。两个小孩子比身高时就常有这种行为，但当事者很少承认这么做的真实意图。

当然，这些行为并不意味着有着强烈自卑感的人一定是个显得柔顺、安静、拘束而与世无争的人。自卑感表现的方式各异，或许接下来的故事能说明这一点。

妈妈带着她的三个孩子第一次去逛动物园，当三个孩子站在狮笼前时，第一个孩子躲到她背后，全身发抖地说："我要回家。"第二个孩子站在原地，脸色苍白并用颤抖的声音说："我一点都不怕。"第三个孩子却目不转睛地盯着狮子，并问他的妈妈："我能不能向它吐口水？"事实上，这三个孩子都已感到自己所面对的危险，但是每个人却都按照自己的生活风格表现出各自的感觉。

自卑与自欺

人人都会有不同程度的自卑感，因此我们从未放弃过对自己所处地位的提高这样一种期盼。只有一直保持勇气，我们才能以直接、实际而完美的方法达到目标，从而使我们摆脱掉自卑感。

几乎没人能够长期忍受自卑感，自卑感造成的种种压抑会迫使人们采取相应的行动，从而使自己的紧张情绪得以缓解。即便人们已决定放弃所有的努力、不再相信真实的奋斗可以改变自己所处的境地,但是这种对于未知的恐惧以及消极的应付态度会使得他的自卑感被无限放大,即使在这种情况下,他仍会本能地抗拒着自卑感。他会想尽一切办法来消除这种自卑感,尽管他采用的方法对于消除自卑感并无任何意义。

他依然有自己的目标,那就是要"凌驾于苦难之上",却区别于真实的奋斗,他会利用优越感来麻醉自己,这种优越感通过自我欺骗得以实现,结果自然与目标背道而驰。因为造成自卑感的情境未变,存在的问题也从未改善,从而他会积累更多的自卑感,这样的恶性循环会逐渐将他陷入自欺欺人的怪圈中,而问题的日益严重也会给他带来更加巨大的压力。与此同时,在外人的眼中所看到的是:他虽然也采取行动来努力使自己变得顺当,但是实际上却放弃掉所有改变现状的希望,他所有的举动都表现得漫无目的,且沉溺在自欺中。

这种自欺的行为表现在:他不是通过一些举动把自己打造成更有适应能力、更强大的人,而是臆想自己是一个无比强大的人,并且眼前的困难他都已经解决。诚然,这种训练能在某个时刻让他似乎摆脱掉自卑的束缚而变得强大起来。如果此人是位高权重者,他对此类很难解决的问题觉得应对无力，同时他又要摆脱掉由此引发的自卑感，那么他很可能演变成专制的暴君，依靠残忍的统治来肯定自己的重要性。

如果人们通过上述的行为来麻醉自己，但真正的自卑感却仍然原封不动，它们依旧会因为旧有情境的上演而不断被诱发，久而久之演变成为精神生活中长久潜伏的暗流。当这种情况发生时，我们便能称之为"自卑情结"。

由此，我们得以为"自卑情结"下一个定义：当一个人面对困难时，他表示绝对无法解决此问题，这时出现的情绪就被称为自卑情绪。通过这个定义我们得知：愤怒、眼泪、道歉，都可能是自卑情结的表现。因为自卑感总是造成紧张，所以争取优越感的补偿动作必然伴随出现，当然这种补偿动作的目的并不在于解决所遇到的困难。

争取优越感的补偿动作总是朝向生活中虚幻的一面，真正的问题却被遮掩或者直接弃而不谈。这种补偿动作限制了人们的活动范围，他们并不追求成功，只是用心良苦地想避免失败。他们会在困难面前表现出犹疑、彷徨，甚至是退却的举动，却在自己的臆想王国里茁壮成长。

对公共场所怀有恐惧症的个案中很清楚地反映出这种态度。这种病症所表现出来的普遍观点是：生活中充满了危险，只有留在熟悉的环境中，避免面对陌生事物，才能保护自己。这种态度的极端表现是患者会把自己关在房间中或者不肯下床。当面临困难时，最极端的表现方式则是自杀，因为此时患者认为自己已经再无能力改善所处的环境，只能选择彻底的放弃。

当我们了解了自杀必定是一种责备或报复行为后，便能理解人们通过自杀争取优越感。我们发现每个自杀案件中，死者会把他死亡的责任归之于某一个人，似乎他的死亡是因为别人残忍对待的结果。

每位神经病患者会不同程度地限制自己跟环境接触的活动范围。因为他想与生活中必须面临的三个现实问题保持距离，并将自己局限在他觉得能够主宰的环境之中。他用这种方式为自己筑起一座城堡，门窗紧闭并远隔清风、阳光和新鲜空气。他将通过经验选出最好且最有成效的方式来统治他的领域，这种方式可以是怒吼呵斥，也可以是低声下气。一旦他对某一种方式表示不满，他便尝试另一种——不管采用何种方式，他的目标就是不改变情境而从中获得优越感。

眼泪和抱怨——水性的力量

小孩子一旦发现眼泪可以成功地驾驭别人后，他就会变成爱哭的娃娃，这会使得他成年后患忧郁症的概率提高。

我把眼泪和抱怨称为"水性的力量"（water power），它们能够破坏人们的合作关系并将他人贬为奴仆。爱哭且不停抱怨的人，我们可以从他们的举止上看出自卑情结。他们默认自己在改变情境时的软弱，也承认不能照顾好自己。但是，隐藏在他们举止背后的则是超越一切、好高骛远的目标，以及不惜任何代价来凌驾别人的决心。

与此相反的是，我们初次见到一个喜好夸口的孩子时，会认为他表现出优越情结，一旦忽略他的话语只细心观察他的行为，我们就能发现他所不承认的自卑情结。所谓"俄狄浦斯情结"（Oedipus complex）只是神经病患者"小小城堡"的一个特殊例子而已。因为一个人如果对陌生环境有所恐惧，那么他就不能成功地在外界获得爱情；如果他把活动范围限制在家庭圈子中，那么他只能在这个圈子里解决性欲问题。他的不安全感让他从未把兴趣扩展到最熟悉的少数几个人之外，因为他怕跟别人相处时就不能再按照他习惯的方式来控制局势。

　　许多被母亲宠坏的孩子成为俄狄浦斯情结的牺牲品，他们相信：他们的愿望天生就应该被实现。至于凭自己的努力赢得家庭范围之外的温暖和亲情，却是他们从不知道的。在成年人的生活中，他们仍是牵系在母亲的围裙带上的宝宝。他们在爱情中寻找仆人，而非平等的伴侣；而最能安心依赖的仆人则是他们的母亲。我们只需要让一个孩子的母亲宠惯他并限制他的兴趣范围，同时他的父亲也对他漠不关心，这样他就很可能患上俄狄浦斯情结。

自卑对自我的限制

　　每种神经病患者都有行为被限制的现象。如口吃者在讲话时，我们能看到他的犹疑。他对自己充满鄙视并害怕与人沟通，但社会属性又迫使他必须与同伴发生交往，这两种感觉发生冲突，使得他在言辞中显得犹疑不决。

　　校园中总是屈居人后的儿童、30多岁时依旧未就业或一直不肯结婚的人、强迫性神经病患者，以及厌倦白天工作的失眠症患者——都显现出他们有自卑情结，这使得他们在解决生活问题时显得无能为力。如果在接近异性时害怕自己行为不当从而犹疑不决，这将会造成手淫、早泄、阳痿和性欲倒错等行为。

狂妄的优越感

我们应该像阅读诗词般去了解一种生活风格。人们不会仅注重诗词的字面意思，而会反复推敲隐藏在诗文背后的意义。个人的生活风格就如诗词一样，是人类的一种最丰富、最复杂的作品，心理学家只有反复推敲个人的表现，才能真正学会欣赏生活。

人们在生命开始时的四五年间获得生活的意义。这种对生活的感受不可能通过精确的计算得出，而是个体凭借在黑暗中的摸索后获得的暗示并做出纯属个人的解释。优越感目标就是在这样的摸索中被确立，并伴随人的感受而充满变化。个人可能有具体的职业目标，但没人能够清晰描述出自己的优越感目标。即便目标已被具体化，抵达目标的途径也千变万化。

假如某人的志向是当一名医生，那么在其背后也许隐藏着许多事情。我们发现：大部分医生在儿童时期因为亲朋的去世而认识到死亡的真面目，死亡给予他们极深刻的不安全感。他们在今后的学习中会努力寻找能使自己或他人更安全、更能抵抗死亡的方法，他们在希望自己成为病理学专家的同时，还需要在行动中表现出对人类的特殊兴趣。我们所能观察到的是他们训练自己去帮助同类的范围有多大，而这种帮助则是他们作为补偿其特殊自卑感的方法。

也有人立志要成为教师，但是在这些有同样志向的人中存在较大差异。如果有人感觉自己的社会地位很低，只有和更弱小或更没经验的人相处才觉得安全时，那么教师是其实现优越感目标的手段。而有着高度社会地位感的教师会用平等心态对待学生，他们真正想为人类的福利做出贡献。值得注意的是：教师的个人目标对他们的外在表现有很重要的影响，个人会不惜限制其潜能而采取对应的措施来适应目标的发展。一旦目标被确定，它定会表现出个体的生活风格和个体争取优越感的最终理想。

我们必须透过现象看到本质。因为人们可能会改变达成目标的方法，也可能改变自己的职业，所以我们必须找出其人格的整体。

一个不规则的三角形因为其放置位置不同而给予我

们不同的印象，但是它本身却始终不变。个人的整体目标也如此：我们只有通过它的各种表现而得知它真正的内涵，而对优越感的追求也绝不可能因为做了某件事情就得到满足。

个人对优越感的追求极具弹性。事实上，一个人愈健康就愈能在受到阻挠时寻找到新的门路。只有神经病患者才会认为只有一条道路可走，否则目标就无法实现。

我们不会轻率地刻画出任何对优越感的特殊追求，但是我们在所有的目标中，却发现了想要成为神的共同努力。小孩子的这种表现最为突出，他们常希望自己能变成上帝。许多哲学家也有同样的理想，而教育家们则希望把孩子教育得如神一般，在古代的宗教训练中教徒也必须把自己修炼得近乎神圣。

这种理想曾以较为温和的方式被表现出来。尼采发疯后，曾用"被钉于十字架上的人"（the Crucified）为署名写信给施存堡（Strindberg）。狂人则毫不加掩饰地表现出他们的优越感目标，他们断言自己是拿破仑，或是中国的皇帝，他们希望自己成为掌握超自然力量并能预言未来且受到全人类膜拜的神。

成为神的目标可能会以合乎理性的方式，存在于希望拥有宇宙间所有智慧的欲望中，或在其生命不朽的希望里。不管是保存肉身不灭，还是不断经历生命的轮回，或是在另一个世界中永生，所有的这些想法都是以变成神为基础的。

宗教告诉我们：只有神才能得到永生。我不想讨论这一观点的是非，它们作为对生活的解释而存在。但是我们都在不同程度上采用了这种意义，我们希望自己成为神，即使是无神论者也期盼能征服神。这种希望是特别强烈的优越感目标。

对个人而言，优越感目标一旦确立，那么他采用什么样的生活风格都是无可厚非的。从实现目标的角度出发，不管个人有任何习惯或病症都是正确的。问题儿童、神经病患者、酗酒者、罪犯或性变态者，都采取适当的行动来达到他们认为是优越的地位，他们的病症都与自己的目标相对应。

有一次，老师问班上最懒惰的男生："为什么你的功课这么糟糕？"男生回答道："因为你从来不注意班上的好学生，反而我是班上最懒的学生，你才注意我。"如果这个男生的目标是引起老师的注意，那么他的行为就肯定不会得到改善，因为只有这样他才能达到自己的目的。

有一个家庭中有两个小孩，弟弟听话却愚笨，在学校也总是落后于人，哥哥聪明活跃却鲁莽，不断惹是非。有天，弟弟对他的哥哥说："我宁可笨一点，也不愿意像你那么粗鲁！"如果弟弟的目标是要避免麻烦，那么他的愚蠢实在是明智之举。因为他的愚蠢，别人对他的要求会减少，即使他犯了过错也不会因此而受到责备，他实现目标的途径就是装傻。

神经病——对付现实的工具

个体心理学一直对仅针对病症而进行的医药或教育上的治疗持反对意见。

有些孩子成绩不好或是作业做得很差，我们却只想让他们改变表面现象，这是完全无效的。也许孩子希望通过坏表现使老师困扰，甚至希望自己能被学校开除。如果我们只改变他们的表象，他们肯定会另找方法来达到目标。这类似于成年的神经病患者。

偏头痛（migraine）患者会适时发作，头痛对他们而言是解决社交问题的有效途径。每当他们会见陌生人或做出新决定时，就会出现头痛的症状。同时，头痛也是他们对下属和亲人乱发脾气的最好借口。他们认为自己被"赋予"的这点痛苦能给自己带来各种好处，自然不可能放弃这有效的工具。

我们自然可以用语言的解释来使他们放弃这种行为，就像使用电击或者是手术的治疗可以使战场神经病患者的症状消失一样。同时，医药治疗也可能使他们放弃所选择的特殊病症。即使他们放弃了一种病症，只要他们的目标不变，那么他们肯定会再选用另一种。虽然他们的偏头痛不会再犯，但是失眠症或其他新病症会随之而来。

有些神经病患者会以惊人的速度更替他们的病症，他们似乎成为神经病症的收藏家。他们阅读心理治疗的书籍，从中挑选出许多他们还没有机会尝试的神经病病症。所以我们应该探求病患选用病症的目的，以及这种目的与优越感目标之间的关系。

假如我找来一座梯子放在教室并爬上去，最后坐在黑板顶端，因为人们不会知道我这么做的意图何在，所有看到这一景象的人可能会认为我已经疯了。这时一旦他们想到我是想通过身体高过别人从而使自己消除自卑，或者是我只有在俯视学生时才会觉得安全，便会对我的行为不那么诧异了。

其实我选用了一种非常明智的方法来实现我的具体目标——梯子是一种很合理的工具，我也是按计划来实施我的动作，真正疯狂的是我对优越地位的解释。如果有人能让我认识到自己的具体目标实在很糟糕，那么我会改变自己的行为。但是如果没人能够说服我改变目标，却又拿走我的梯子，那么我会用椅子再接再厉地爬上去；椅子也被拿走的话，我会用尽力气攀爬上去。

神经病患者就是这样：他们选用的方法都正确无误，需要改进的只是他们的具体目标。目标一旦改变，习惯和态度也会随之而改变。一位因焦虑而无法正常交友的30岁妇女的案例就能够很好地说明这一点。

她的职业生涯非常不顺，她仍然依赖家庭的供养。虽然有时她也从事一些诸如打字员或秘书之类的工作，但是她遇到的雇主总是想向她求爱，让她感到烦恼，使她不得不离职。有一次她找到一份工作，这次老板却对她毫无兴趣，她觉得受到轻视，就愤而辞职了。她已用了八年左右的时间接受心理治疗，但是治疗未给她带来任何改善，直到现在她还是不能与人很好相处，也未找到赖以谋生的职业。

只有了解儿童后才可能了解成人，所以我在治疗她时，探寻到她童年时期起始段的生活风格。

她是家中最受宠的小女儿，且非常美丽。她童年时家境很好，所以家里会满足她所有的愿望。我赞叹她被服侍得像公主，她对此表示肯定。接着我要求她说出自己最早的回忆。

她回忆在自己4岁时，有次出门后看到很多孩子在玩游戏，他们时常跳起来大喊："巫婆来了！"她觉得非常害怕，回家问老保姆是否真的有巫婆存在。老保姆告诉她说："确实有许多巫婆、小偷和强盗，并且都会跟着你到处跑。"从此她就害怕一个人待在房里，并且把害怕表现在她的整个生活风格中，她觉得自己没有离开家庭的力量，同时家里的人必须在各方面给予她照顾。

她的另外一段早期回忆则是：她曾有过一位男钢琴老师，有天这位老师想要吻她，她从此放弃弹琴并把此事告诉她的母亲。

在这段回忆里，我们可以看出她已经学会和男人保持距离，同时在性方面遵循避免发生爱情纠葛的原则。她觉得恋爱是软弱的一种象征。值得一提的是，许多人在卷入爱的旋涡时都觉得自己很软弱，尽管在某些方面他们表现优秀。

恋爱时我们必须变得温柔，而对一个人的迷恋也会为我们带来许多烦恼。只有把优越感目标定为"我绝不能软弱，不能让任何人知道我的底细"，才会躲开爱情的相互依赖关系。这种人总是远离爱情，也无法接受爱情，当他们觉得要陷入爱情时，便会使情况变得糟糕，于是他们讥笑、嘲讽并揶揄那个可能使他们陷入爱情的人，以这种方式来避开软弱。

这个女孩子在考虑爱情和婚姻时同样感到软弱，所以在她工作时如果有男人向她求爱，她便会感到惊慌失措而只能选择逃避。如果她一直不能学会如何应付这些问题，随着她父母相继去世，她的世界也将崩塌。她也许会找到亲戚帮助她，但是过不了多久，亲戚就会对她非常厌倦从而不再给予帮助，她会很生气地责备他们并表示让自己一个人生活是一件危险的事情，这样，她才可能避免孤苦伶仃的悲剧。

她一定会因为家族完全不再为她担心而发疯，因为达到她优越感目标的唯一方法就是强迫她的家族帮助她，让她免于应付所有的生活问题。在她的心中，她幻想自己不属于这个星球，因为这个星球不知道她的重要性，她是属于另一个星球的公主。她再想象多一点，她会疯掉，可是她还是有点智慧的，同时亲戚朋友也还肯照顾她，所以她并未踏上这最后一步。

另外的两个例子也很清楚地表达出自卑情绪和优越情结。

有个16岁的女孩，她从7岁起开始偷窃，12岁起就和男孩子在外过夜。她2岁时双亲经过长期激烈的争吵最终离婚，随后她被送到祖母家里抚养，深得祖母的宠爱。因为她出生在父母感情破裂时，所以她的母亲从未喜欢过这个女儿，在母女之间，一直存在着一种紧张关系。

我用友善的态度和这个女孩谈话，她告诉我，她并不喜欢拿别人的东西，也不喜欢和男孩子到处游荡，她这样做的原因只是要让她妈妈知道，她的母亲无权干涉她。我问她这些行为是不是为了要报复，她肯定地回答了我。

她想要证明自己比母亲强大，因为她觉得自己比母亲软弱。因为感到母亲对她的厌恶，所以她为此感到很自卑，她认为唯一能够肯定她优越地位的办法就是到处惹是生非。其实，儿童犯偷窃或者其他不良行为，通常都是出于报复之心。

一个15岁的女孩子失踪了8天，当她被找到后被带到少年法庭。她说自己被一个男人绑架，他把她捆起来后关在一间房子里达8天之久。但是没有人相信她的话。

医生亲切地和她交谈，要求其说出真相，她对此感到懊恼并扇了他一记耳光。

我在看到她时问她将来想做什么事，同时给她一种我只是对她的将来感兴趣并且也能够帮她的印象。于是我要求她说出她做过的一个梦，她笑了并告诉我这样的一个梦境：她从一家地下酒吧里出来时遇见了她的母亲，紧接着父亲也来了。她要求母亲把她藏起来，免得让父亲看到。她告诉我她很害怕父亲，因为他经常惩罚她，所以她一直在反抗着父亲并被迫说谎。

后来这个女孩告诉我实情，有人引诱她到地下酒吧待了8天。因为她怕父亲知道才不敢说出实情，但是她又希望他能知道这段经历，这样就能伤害到父亲，从而使她尝到征服者的滋味。

我们在听到撒谎的案件时，必须看当事人是否有严厉的父母。除非实情被认为具有危险性，否则谎言便毫无意义。在这个案例中我们还能看出，这个女孩子能和她的母亲合作。

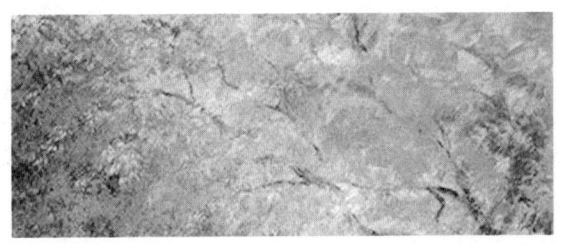

自卑与生活方式

生活的正常方式

长在狭谷里与长在高山顶上的松树虽然树种一样，但因为生活方式不同，两者就有差别。松树通过生活方式来表达自我，并在具体环境中塑造个性。如果我们在期望外的环境背景中看到它，通过对它的生活方式的认知能让我们明白树木不只是对环境的机械反应，而是具有特定的生活方式。

人类的情形亦然。个人的生活方式在某些环境下能被发现，就像心灵会跟随环境的变化而改变一样，我们应该分析出生活方式与其所处环境的真正关系。我们不能清楚了解处在有利情境中的个人的生活方式，只有当个人处在新的环境中，特别是遇到困难时，他的生活方式才会被清晰展现。训练有素的心理学家能在任何情境下了解到个人的生活方式。生活比游戏更丰富，并不缺乏困难，人们常发现自己处于困难中。我们研究遭遇到困难的个体，从而找出他的异常行为及特性——生活方式从早期生命中成长出来，并作为整体而存在。

我们对将来更感兴趣。只有了解个人的生活方式后，才可能预测他的将来。一些心理学家试图通过关注本能、印象或创伤来得到结论，却无法得到精确的测验结果，因为所有这些元素都只预示了一种持续的生活方式。因此，任何刺激到我们的因素都只是用来解放或固定一种生活方式。

关于生活方式的各种见解与前文所述内容紧密结合。具有器官缺陷的人因为面对困难产生不安会造成自卑情结，这种自卑感会刺激他们采取行动，从而形成目标。目前，个体心理学称这种朝向目标的持续行动为"生命的计划"，为避免在学生当中引起误会才改为"生活方式"。

有时候我们通过与人谈话并让他回答问题得知其生活方式后,就能以生命的阶段、困难和问题这一过程预知他的将来。就像观看一场戏剧,会因提前看到最后一幕从而再无神秘性。我们就是通过经验知识来预测一个经常与别人隔绝、寻求支持、被纵容的迟疑的小孩,将会发生什么事。

总是依赖别人支持的小孩有着什么样的将来?他在面对生活问题时会迟疑不决,止步不动或选择逃避,他只希望被纵容,根本就不会独立完成事情,所以他逃避生活问题,因缺乏社会兴趣而总做些没有用的事,结果他可能发展成为问题小孩、神经症患者、罪犯或自杀者,我们现在比从前更能肯定这一点。

我们可以利用生活的正常方式作为测量个人生活方式的基础,具体而言则是选择能够适应社会的人作为标准并据此衡量各种人的不同情况。

选择生活的正常方式作为测量基础能帮助我们了解错误和个别性,但是这种研究并不是"类型说"。世上不会存在两片完全一样的叶子,同样也不可能存在两个完全相同的人,因此每个个体都具有独特的生活方式,而刺激的因素也因人而异。因此"类型"仅作为智慧上的发明，以便了解个人的相似性。如果我们在智慧的基础上认真分门别类并研究其特殊性，也许能评定得更准确。然而，因为我们使用更能够找出特殊相似性的分类法，从而会出现送入鸽洞的人被归类为鸽子的笑话。

具体的案例能更清楚地说明这一点。我们总会指认无法适应社会的人过着荒漠生活且没有任何社会兴趣，也许这是区别个体的最重要的一种方法。我们能发现完全注重视觉事物的人与完全注重口欲满足的人的兴趣范围并不一样，但是两者都很难和同伴建立起关系且可能都无法适应社会。如果我们不能体会到类型只是方便的抽象事物时，这种分类可能成为混淆不清的来源。

但是正常人因为其生活方式能够适应社会，从他们的工作中都能得到某些利益。从心理学的角度出发，正常人在遇到问题和困难时有足够的能力和勇气来应付。而心理病患者则缺少这些特质，他们无法适应社会，同时也不能在心理上调适每天的生活与工作。

我们通过一位总在最后关头逃避问题的30岁男人来做说明。这位男士有一个朋友，却因为他的多疑使得友谊破裂。因为另外一个人会在他们的关系中感到紧张，所以他永远也无法长久获得友谊。他没有足够的兴趣来适应社会和结交朋友。真实的表现是他不喜欢交际且在众人面前总是沉默不语。

这个男人还会表现得很害臊,他一开始说话皮肤就会变成粉红色,这使得他的外表不太好看,同时也使他感觉到自己不被别人喜欢,从而更加不爱说话。他需要的是指引他克服这种害臊后发挥出自己的水平,可以不受人指责。以上可以看出他的生活方式是在接近别人时只关注自己。

此外,这位男士还有职业上的问题。他害怕在职业上失败,所以他通过日夜读书、过度工作来约束自己,却造成他更无法解决职业上的问题。

这位男士总是处于紧张状态之中,这是他有巨大自卑感的表现。他总是低估自己,并认为旁人与环境都对他不友好,他似乎身处敌国。我们也因此有足够的资料来描述他的生活方式。尽管他想要奋斗,但是对失败的恐惧使他被困难阻住。他似乎紧张万分地站在深渊前面,因受到限制而不能迎头前进,从而寂寞地躲进家中。

此外,他也会遇到多数人都会遇到的恋爱问题,他也希望恋爱进而结婚,但是巨大的自卑感使他迟疑不决,不敢接近女性。他无法完成自己想要做的事,所以他的整个行为和态度都是以"是的……但是……"来做结束，他也可能不停地更换女朋友。这些都是在神经病患者身上经常发生的情形。

我们从他的生命原型形成前后来探讨他的这种生活方式的原因，这也是个体心理学的重要工作。我们能够推测他在早期生命中发生了某个悲剧，因而塑造他现在对生命的印象，觉得"生命是个大困难，为了避免遇到困难情境最好永远不要迎头前进"。所以，他才变得小心多疑，迟疑不决，永远在寻求逃避的方式。

这位男士是长子，前文有对长子地位的描述。长子因为是常年被关注的中心，在被年幼的孩子取代荣耀位置后，悲剧就开始发生。很多因为害臊并惧怕迎头前进的个案中，我们发现在其背后都是因为另一个人得宠。因此，我们不难找出他的根源在哪里。

很多时候，我们只需询问病人在家里孩子中的排序就能得到所需要的一切资料，当然这也能通过让患者对早期生命进行回忆来获得。因为回忆或首次情景是原型之早期生活方式中的一部分结构，所以也就格外重要。人人都会记得某些重要的事，而事实上在记忆中固定的东西总是重要的，因为它们是原型的真实部分。

也有不同派别的心理学家提出只有被人们忘记的事物才是最重要的，事实上这两种概念区别不大。虽然人们会说出自己的意识回忆，但是却不知道其意义何在，也不知道回忆与行动的关联，所以，不管我们强调回忆或遗忘，其结果却总是相同的。

关于早期回忆的描述都是带有启发性的。当一个人说出自己很小的时候，母亲带着他和弟弟去市场，仅这一点描述我们就能从中发现他的生活方式，在他看来弟弟对于他是有很大影响的。如果再加引导，他就会说出一个具体的场景，就是妈妈本来牵着他的手，但是看到更为年幼的弟弟后会转而去牵弟弟的手。由此我们描述他的生活方式是总预期别人会比他更为受宠，因而会在众人中寻找比他更受欢迎的人物，从而无法在众人面前说话；他也总认为朋友会更喜欢另外一个人，老是怀疑不安并寻找骚扰友谊的琐碎事物，结果他总没办法获得一个真正的朋友。

这位男士所经验的悲剧也阻挠了他社会兴趣的发展。他记得他的母亲抱着他的弟弟，因而感觉到弟弟受宠并获得了母亲更多的关照，他会不断寻求这个概念的证据，他完全相信自己是正确的并因此总处在紧张之中。

所以，他只有完全孤立才能不与别人竞争，只有成为世上唯一的人才能消除这种怀疑不安。事实上，他曾有过全世界都崩溃只剩下他一个的幻想，从而没人能够比他更受欢迎。他所有解救自己的方法都无法朝着逻辑、一般常识，或真理的路线发展，而只朝着怀疑的路线迈去。他活在一个有限制的世界里，完全与别人没有联系且对别人毫无兴趣，因为他不是十分正常，所以我们也不能责怪他。

生活需要校正

我们能够通过工作来培养这类人的社会兴趣，问题的关键在于他们过度地约束自己，且总是寻找着他们固定概念的证据。因而只有渗透他们的人格、解除偏见才有可能改变他们的概念，这是一项需要使用某种意识和机智的任务。这要求忠告者和病患没有紧密关系，同时也要求忠告者对病例没有浓厚的兴趣，因为病人会对此深感怀疑且心中不安。

自卑感作为建构某些事物的基础而无法完全根除，我们需要的是减少病人的自卑感从而改变目标。病人因为认为某人比他更受欢迎而产生了逃避的目标，我们需要对这一固定概念下功夫。我们必须向他证明他过度低估了自己并证实他的毛病所在，同时向他解释他如临深渊般的过度紧张的倾向，而且应该提示他害怕别人受到欢迎的观点阻碍了他享受工作与自然。

如果病患可以在某次宴会中扮演主人并令来客愉悦，那么他的症状会得到很大的改善。但是，在实际生活中病患无法使自己愉悦，这会导致他认为所有人都很愚蠢，不能让他产生任何兴趣。

由于这种人有着固执的概念且缺乏一般常识，所以根本就不能了解情况。他们天天如临大敌，过着狼一般的孤独生活，这在人类的情境中确实是个非正常的悲剧。

接下来是对抑郁沮丧患者的个案研究，这是一种可以治疗的非常普遍的不适，这类患者一般在早期生活中非常出色。事实上，小孩在接近一个新情境时会显得抑郁沮丧，而这一个案中的主人公也是在处于新情境时会出现这种情绪，而在旧环境中几乎是正常的。但是他喜欢独处且想要统御别人，这自然导致他没有朋友，并且50岁了还未结婚。

每位抑郁沮丧的人都会认为自己整个生命都已被毁灭，只剩下失落。这种人通常曾被纵容和宠爱，但随后的失宠却严重影响了他的生活方式。

　　人类对情境的反应各异。我们曾做过一个带着三种不同类型的孩子去狮笼前的实验，以检查他们首次看到可怕动物时将如何反应。第一个小孩转身并要求回家；第二个小孩虽然说这种感觉很妙，但是流露出恐惧害怕，他只是想表现得勇气非凡；第三个小孩却提问能不能对狮子吐口水。我们所看到的这三种不同反应，是对同一情境的不同经验。

自卑与早期记忆

本节重点讲述早期回忆,这是了解生活方式的最重要的方法。我们依靠回溯孩童时期的记忆来揭开原型从而了解生活方式的中心,具体的方法是在听到抱怨后,及时询问他的早期回忆,并和其他事实做比较。

生活方式大都固定不变,每个人都具有特定的人格和组合。生活方式通过争取优越感的特殊目标而建立,这点已经被证实,因此我们期望每一个行动和感觉都是整个"行动路线"(action line)的有机部分。而在早期回忆上,这个"行动路线"会更清楚地表现出来。

当然,新旧回忆也并非泾渭分明,新记忆中也同样包含行动路线，只是旧记忆更容易帮助我们找到，从而更具启发性。因此，我们能够发现主题，并得出生活方式不会轻易改变的结论。我们发现个体对四五岁生活方式形成期的回忆都与目前行动相关联，在做过许多诸如此类的观察后得到一个结论：我们总能在病人的早期回忆中找到原型的真正部分。

病人的记忆是其兴趣在情感上的展现，也是探寻人格的线索。不可否认的是被遗忘的经验对生活方式和原型也有着重要影响，但是寻找这类经验是非常困难的。意识和潜意识回忆都朝向同一优越感目标，都是完整原型的一部分，两者同等重要。最好的方式是意识与潜意识回忆都能被寻找到，这种回忆一般通过外人来诠释。

我们先从意识回忆开始探讨。有些人在被问到早期回忆时会表示他们已经完全遗忘掉过去，我们只能请求这种人集中精神试图去回忆。但是，迟疑不决可能是他们不愿回溯孩童时期的象征，也许他们的童年有着很不愉快的经历。我们必须对这种人给予引领和暗示，以让他们最终回忆起一些事情，从而得到我们想要的。

那些声称记得1岁时的事情的人可能在幻想中出记忆，因为这是不可能的事情。但是，不管是幻想的还是真实的，记忆都是人格的一部分。有些人也不能肯定这种记忆究竟是自己记得还是父母告知的，这点也同样无关紧要，不管记忆源自哪里，他们都在心中有固定的印象，同样能帮助我们了解其兴趣何在。

回忆的方式

在上文曾出现把个人进行分类，而回忆也能划分出不同的类别，每种类别又显示出某一特别的行为方式。比如，某人的回忆是看到一棵挂满灯火、礼物和蛋糕的美妙的圣诞树，这个回忆最关键的地方在于他所看到的，这显示出他对视觉事物总是很有兴趣。我们据此能推断出他在视觉方面有某些困难，经过训练之后他的兴趣就转移到其他事物上。这也许不是他生活方式中最重要的构成部分，但一定是有趣而重要的部分，它指示出我们必须给他一个让他使用眼睛的职位。

对视觉事物感兴趣的小孩较多使用眼睛看而不愿用耳朵听，对待这种小孩我们应该耐心地教导他们去听。在学校中的小孩大部分都只对一种感觉发生兴趣，因而老师太多只从一方面进行教导。有的小孩精于听，有的小孩精于看，有的小孩则好动。我们不能期待这三种不同类型的小孩有相同的结果，如果这个老师只使用一种方法进行训练，那么另外两种小孩的发展就会受到阻碍。

有位24岁的青年常常会昏厥，他回忆自己4岁时听到机器的轰鸣声就会晕倒，从中我们能得知他是个对听觉很敏感的人。他非常精于音乐，同时不能忍受任何嘈杂、不和谐或尖锐的声音，因此他被笛子的声音所影响也不足为奇。成人或小孩都有许多深受其苦而后感到有趣的事物。在上文中提到过的哮喘症患者就因为小时候肺部有过毛病，从而兴趣完全围绕在自己的肺部上面，结果他对呼吸产生了特别的兴趣。

有些人的兴趣都和吃相关，早期回忆也在吃上面。对他们来说世界上最重要的事就是如何吃，吃什么与不吃什么。在他们的早期生活中能找到与吃有关的困难发生，这点增强了他们对吃的兴趣。

很多小孩在生命初期因为孱弱或患有佝偻病而没办法正常行走，这种经验使得他们对移动具有不正常的兴趣。以下个案用来说明这一事实。一位50岁的患者跟医生抱怨一旦他陪伴别人过街就会有强烈的怕被车子撞倒的恐惧感，而他独自一人时则不会有任何问题。这种恐惧感使得他在过街时会抓住同伴的手臂并左右推动，这种行为会使同伴感到恼怒。确实会有这种特殊人物的存在，我们会对其行为进行分析。

患者3岁时得了佝偻病而无法顺利走动，而且有过两次在过街时被撞倒的经历。当他成人后，如何证明自己克服了弱点是非常重要的。每当他和同伴在一起时，就寻找机会来证明自己是唯一可以安全过街的人。这在正常人眼中是很平常的事，但是病人却希望能够炫耀自己的这种能力。我们可以通过研究早期回忆来协助患者改进，这种方法也同样适用于上文提到过的觉得母亲更宠爱弟弟的患者。

早期回忆能帮助我们预测患者的后期生活会发生什么，但它并不是原因所在，它们只是暗示事情发生的征兆和方向。早期回忆指示出朝向目标的活动，并指示什么困扰必须克服，它们显示出人们对生活某一方面特别感兴趣的背景何在，通过早期回忆我们能看到人们的创伤。比如，有人对性方面特别感兴趣，那么在他的早期回忆中能找到与性有关的经验。对性感兴趣是一般常见行为，但是这种兴趣有程度上的差别。我们发现当一个人的早期回忆与性有关时，他后来也会在这上面特别注意，结果造成生活不和谐。

被纵容与被憎恨的

被纵容的小孩的早期回忆通常都与他的母亲有关，能够清晰地反映出这类人的特性，这也是他必须争取有利地位的表象。有时早期回忆也需要进行分析才能看出影响何在。比如，某人的回忆是他坐在房间内，而他的母亲则站在柜子旁，这种回忆看起来并不重要，但是他所提到的母亲是其感到有兴趣事物的一个表象。有时候这种回忆会连母亲都是隐藏的，我们只能猜测母亲代表什么意义。当有人的回忆只是记得有过一次旅行时，我们询问后会发现其陪同者是母亲；或者小孩的记忆是某年夏天自己位于乡下的某个地方，由此我们就能预知到他父亲外出工作，陪伴他的是母亲，但是我们依然通过询问的方式来了解母亲对他的影响。

我们可以通过对回忆的研究来得出孩子对被宠爱的争取态度，小孩也会在他的成长过程中估量他母亲给他的纵容。倾诉这种回忆的小孩或成人不是处于危险之中就是认为有人比他更受宠，这使得他们紧张的程度更明显，而他们的心灵也会尖锐地集中于这个概念上。该记忆指示出此类人在未来的生活中善于嫉妒。

有位高中生总在应该读书的时刻想着去咖啡店或拜访朋友，他根本就没办法安定下来读书。而他的早期回忆就是记得自己躺在摇篮里瞪着墙壁，注意到贴在墙上有花和画像之类的纸。这种回忆告诉我们他只准备"躺在摇篮里"，而不会准备考试，因为他老是想着其他事情所以无法集中精神读书，人不可能同时追两只兔子——这位高中生因为被纵容而无法单独工作。

憎恨一切的小孩是极端案例的代表。如果小孩从生命的开始就憎恨一切，那他就无法继续生活。通常孩子都会在某些程度上被父母或保姆纵容，从而实现其欲望。有着憎恨感情的小孩通常都抑郁沮丧，这些孩子大都来自非法、犯罪或被遗弃的环境中。在这些小孩的早期回忆中都能找到憎恨的感觉，比如有人说自己从小被责打，受到母亲的责骂和折磨，一直持续到他逃走，他逃走时几乎不成人形。

有位无法逃离家庭的患者咨询心理医师，他的早期回忆是他逃跑时遇到强大的危险。他牢记这个印象，并在他未来的生活中一直注意着危险。他是一个聪颖的小孩，但是无法在考试中得第一的恐惧使他迟疑不决、无法前进；进入大学后，他也害怕自己无法在指定的路程上与别人竞争。这些问题都可以回溯到他早期所遇危险的回忆。

一位46岁左右，已婚并身为人父的中年人老是抱怨他无法入睡。他总是批评别人，想要凌驾于别人之上，这在对待家人时更加明显，使得没人能忍受得了他。他的早期回忆与父母经常争吵相关，父母总是打斗并彼此威胁使他觉得害怕，他也总是衣服褴褛、狼狈不堪地去上学。上学期间遇到一位对自己工作很认真负责的女老师，她发现这个被忽视孩子的可塑性，从而开始鼓励他。这是他生命中第一次得到的善意对待，从此他开始上进。但是，他不相信自己能真正变得优秀，总感觉有人从后面推着他，所以他训练自己整天整夜地工作，到最后他甚至认为整晚不睡来完成任务是必要的。后来，他形成要凌越他人的欲望，通过对家人和他人的态度表现出来，他希望自己作为一个征服者出现在其他人面前，这种行为让他的家人感到痛苦不堪。

这位男士的优越感目标是其强烈自卑感的表现，这类人会对自己的成功深感怀疑，这种怀疑会被假的优越情结所掩盖。对早期回忆的研究能帮助我们揭示此种情境的真实状态。

自卑的各类影响

家庭影响

(一)

当孩子在场时,丈夫不能太露骨地表现出他对妻子的爱。夫妻之爱与亲子之爱完全不同,两者既无法相互比拟,也无法相互抵消。但是,如果夫妻在孩子面前表现得过分亲密,那么孩子们有时就会觉得自己受到冷落,嫉妒之心就由此而生,并希望能与夫妻中的一方争个高下。因此,夫妻之间应严肃一些。此外,在关于性问题的解释上,如果他们没有意愿知道,父母不必一厢情愿地告诉孩子们太多且超越其理解范围的性知识。我明白，现今的父母总是想告诉孩子许多超出他们驾驭能力的性知识。这样做的结果会引发不恰当的兴趣和好奇，甚至对性看得不那么严肃，可见这种做法并不比在孩子面前绝口不谈性来得高明。

所以，最好的做法是，首先掌握孩子想了解的东西，并且，不要以我们自己的标准，来要求他们接受我们所认为应该知道的事情，只要回答孩子们正在思考的问题就行；同时，我们应该让孩子们相信我们会和他们一起找问题的答案。如果我们这样做，就不至于错得太离谱。另外，我们也不必担心孩子会从同伴处听来有害的性故事。一个孩子要是得到了合作与独立的良好训练，就绝对不会受到朋友间有害谈论的影响，更何况，面对这种问题，孩子通常要比大人们细心。当他们想要拒绝错误的观点时，自然不会因"道听途说"而受到伤害。

现代社会中的男性与女性相比，仍然有较多的机会可以经历社会生活，他们活动的范围也较大，因此，父亲应该成为孩子的性问题顾问。但是，父亲不能依仗其较为丰富的经验而夸夸其谈，他应该像朋友一样进行劝导，同时避免引起他们的反感。如果妻儿们同意他的看法，他不必得意；如果妻子反对他的主张，他也不必过分坚持，或用权威来进行压制，因为争执无法让人心悦诚服，所以他应该另觅他途消除妻子的抗拒。

一个家庭如果不存在权威，那么真正的合作将在那里产生。每一件涉及如何教育孩子的问题，父母都必须合力协商。最重要的是，无论是父母中的哪一方，都不能对孩子中的任何一个表现出特殊偏爱。因为偏爱的确具有相当大的危险，孩子们的失落几乎都是由于他感觉到了父母对另一个孩子的偏爱。尽管有时候这只是孩子的错觉，但是如果父母对孩子一视同仁，孩子就不会产生这种错觉。重男轻女，必然引发女孩的自卑情结。孩子的心十分敏感，即使是个好孩子，一旦他感到别的孩子受到了领赏，他也有可能误入歧途。有时，父母难免会对孩子们中较聪明或较可爱的那一个表现出偏爱，因此，父母必须有足够的经验或技巧来避免这一情况，否则，其他孩子会生活在较聪明的孩子的阴影下。他们会沮丧，会嫉妒，会对自己失去信心，同时，他们的合作能力也会受挫。父母不能仅口头上说没有偏爱谁，他们应该注意他们的每一个孩子是否已经开始怀疑父母对谁有所偏爱了。

（二）

独生子也有特殊的问题，虽然他没有兄弟姐妹，但他仍有一个敌手——他的父亲。母亲生怕失去独生子，于是对他溺爱，总想要将他置于自己的翼护之下，结果，独生子因此产生了"恋母情结"。他整天围着母亲转，排斥自己的父亲。如果父母双方协作让孩子对他们两人都产生兴趣，则可以避免这种情形，但是在大部分情况下，父亲对孩子的关怀总不及母亲。

独生子与长子的情况相似：他要征服父亲；喜欢比自己年纪大的人。独生子通常对于可能出现的弟弟或妹妹异常反感，因为他想成为众人心中永远的焦点，他觉得这就是他的权利。对他而言，挑战他这种地位的事情是世间极大的不公平。一旦他不再是众人注意的中心，那在他身上便会发生种种问题。

另一种可能妨碍独生子发展的危险是，他出生的环境总是"小心翼翼"。父母双方由于生理问题而无法再生养，那么他们只能集中精力解决独生子可能遭遇的问题。但是，在许多可以生育更多小孩的家庭中，仍然只有独生子。这是因为父母过分胆小和悲观，他们认为自己的经济状况无法养育太多的孩子，于是家庭中总是充满了焦虑气氛，从而让孩子也受到不良影响。

通过研究成人我们会发现：儿童早期的记忆不可磨灭，它会影响成人的生活方式。家庭中的敌意和缺乏合作是所有发展困难的根源。我们的社会生活充满了敌对和竞争（事实上整个世界都是如此），因为我们每个人都想成为征服者，都以超越并压垮别人为目标。正是人类在早年的训练产生了这种目标，它同时也是那些认为自己在家庭中曾受到不平等对待的儿童努力奋斗、拼命竞争的结果，而给予儿童更多的合作训练，则是避免这种害处的唯一方法。

学校影响

学校是家庭的延长。如果教育孩子的责任可以由父母全部承担，父母可以教会孩子解决生活问题的所有方法，那就没有必要进行学校教育了。在有些文化中，儿童教育完全在家庭中进行，孩子的生活能力与生存技巧全从长辈处获得。但是，现代文化的要求更加复杂，所以双亲的负担必须由学校来分担，由学校来完成父母们未完成的工作。现代社会要求每一个成员接受比他们在家庭中所能受到的更高的教育。

学校与教师的角色

第一次上学的孩子面临着社会生活的一种新试验，他成长中的任何错误都在这场试验会中显现出来。从现在起，他的生活范围变广，他必须要在这个大的生活范围中学会与人合作。如果他在家中是个受宠溺的孩子，那么他很可能不想离开受人保护的生活，拒绝融入其他孩子当中，因此，被宠坏的孩子在第一天的学校生活中就会显示出其社会感觉的限制。

常常有父母反映说，他们的孩子在家中很乖，一旦到学校就成了问题儿童。这也许是因为家庭情境让这个孩子觉得特别舒适。在家里他不必接受考验，因此他个性发展中的错误也不会表现出来，但是他在学校却不再受宠，因此他觉得受到了打击。

学校的工作是关注儿童问题，纠正父母的错误。被称为后进生的孩子，大多数会在各种社会生活问题面前产生犹豫，而老师正是那个最适合帮助他的人。

那么，如何帮助呢？老师应该要和学生联系在一起，就像是学生的母亲一样对他产生兴趣。严厉与惩罚并不能解决问题。如果一个孩子发现他很难与教师或其他同学交往，此时对他进行责备无疑雪上加霜，这样做只会让孩子更有理由讨厌学校。

老师吸引儿童注意的第一步是了解儿童以前的兴趣，然后要让儿童对自己的兴趣产生成功的信心。孩子一旦对某一点有了信心，那么要在其他各点上刺激他便相对容易了。因此，我们从一开始就要了解孩子的世界观，了解何种感官最能吸引其注意力且助受训程度最高。

也许有人会问：直接传授知识与启发孩子思考哪一种教育方法更好？两者并非绝对对立，我们可以同时运用它们。例如，当我们让孩子们计算多少木材可以建一个房子，里面可以住多少人时，就把建造房子和数学联系在一起了，这一定会对他掌握知识大有助益。有些课程很容易结合起来教学，我们还可以请专家帮助将生活中可以联系的部分联系起来，例如，老师在与学生们一起散步的时候可以发现学生们的兴趣点，同时他可以将动植物知识、地理知识、历史知识等生活的方方面面结合起来教授。当然，想通过这种方式来教育孩子的老师必须满足一个先决条件，即他对自己的学生们怀有真正的兴趣，否则我们便不用期望他能成功地以此种方式教育孩子。

合作与人格培养

在现行的教育制度下，学龄儿童对竞争准备得更加充分，而不是合作。而学校生活更加强化了竞争训练，对孩子来说，这是一种不幸。当一个孩子在竞争中获胜，他的不幸程度与一个因落后而失去信心的孩子相比，并不一定少多少。孩子无论在竞争中是输是赢，他的兴趣点会变得只剩自己，他们会以夺取能供自己享用的一切为目标，而不是奉献和施舍。班级应该像一个团结一致的家庭那样，每个成员都获得平等的待遇。只有这样，孩子们才会对彼此真正感兴趣，同时享受合作的快乐。许多问题儿童在享受过合作与分享之后，态度便有了彻底的转变。

有人主张，自治是增加班级团结与合作的最好方法。不过，这种方式必须有老师的指导，实施起来应该小心谨慎，否则，由于孩子意识不到自治的严肃性，他们仅将其视为一种游戏，因此他们可能会比老师更加严厉、苛刻。班会有可能成为他们争权夺利、攻击别人、排斥异己，或争取优越地位的工具，因此，老师从一开始应该注意这种情况，并对孩子们进行引导。

智商，一种错误的判决

想要对孩子当前的心智、性格及社会行为等各方面的状况做出评估，就不得不进行各种测验。但是，我们必须了解，我们绝对无法预测孩子的未来将会如何发展。智商，不过是儿童智力困难的参数，让我们能够找到克服困难的方法。我曾遇到这样的事情，一个孩子的智商测试结果不佳，但他的心智实际上并不低下。这时，我们通过一种正确的方法，使他的智商再一次发生了变化。我发现：孩子的智商会随着孩子对智力测验的熟知程度的增加而有所增进，因此，智商并不能反映（命运或遗传所带来的）儿童发展能力。

并且，无论是孩子自己还是父母，都不应该知道孩子的智商。对他们而言，智力测验意味着宣判，但事实上，测验只是一种手段。让教育变得困难重重的，并不是儿童本身的各种限制，而是孩子认为自己被限制住。一个自认为智力低下的孩子可能会丧失信心。因此，我们的教育应该想方设法增加儿童的勇气和信心，清除他们因误解而给自己设置的限制。

有趣的是，即使没有成绩单，孩子们也能精确评估彼此的能力。他们很了解哪一个人在哪门学科中属于拔尖的人物。他们最常犯的错误，是认为自己没有进步的空间，认为自己永远无法追上那些遥遥领先的人，这种固执的看法会影响孩子日后的生活。他们成年后仍然会十分在意自己与他人的距离，以为自己必须永远停留在这一点上。不同学期中，大多数的孩子在班级的排名都基本固定，排名靠前的总是靠前，落后的也总是落后，这些排名反映的是孩子们为自己定下的限制、他们的乐观程度以及他们的活动范围。我们大家都非常清楚，落后的人完全有可能产生惊人的进步。我们应该让孩子们了解，自我设限是一种错误；老师和学生也都不应再迷信所谓天赋能力能够决定儿童发展程度的说法。

青春期

几乎所有讨论青春期的书籍，都把青春视作影响个人性格变化的危险时期。的确，青春期是个危险众多的时期，但是它并不能真正改变人格，而只是将一个正在成长的孩子引入新的情境，让他们接受新的考验。这个时期的孩子会觉得自己处于生活前线，那些潜伏许久的错误，开始在他们的生活方式中显现，于是，处世经验丰富的人可以洞察这些错误，并感到这些错误已经明显得不容忽视。

青春的证明

对所有孩子来说，证明自己不再是个孩子是青春期中最重要的事情。如果我们有办法让他相信，他们当然不再是个孩子，那么我们便能消除这个情境中大部分的紧张气氛。如果孩子认为非要证明不可，那他们自然会对自己的立场进行过分强调。表现欲，如独立性、和成人平等、男子气概或女人作风等等，是孩子在青春期间许多种行为的根源。孩子对"成长"意义的看法决定了这些表现的方向，如认为"成长"意味着不受控制的孩子，会对拘束表示反抗，他们抽烟，骂脏话，夜不归宿，或者出人意料地反抗他们的父母。这种行为让父母们大惑不解，因为他们的孩子此前一向听话。可能这个听话的孩子对父母一向反感，只不过到了青春期——在他们拥有了更多的自由和力量时，他们终于有勇气表现自己的敌意。大部分青春期的孩子与以往相比，都获得了较多的自由与独立。父母们也认为监护他们不再是自己的权力。如果父母试图将监督继续，那么孩子一定设法脱离对双亲的控制。双亲愈想证明他们还是个孩子，他们愈是违背父母的意愿。于是一种反抗的态度便在这样的斗争中产生，结果，就形成了典型的"叛逆"个案。

青春期的界限在哪里？答案很模糊。它的年龄界限通常在 14 岁左右到 20 岁间，可是有的孩子早在十一二岁时便进入青春期。孩子的身体各部分器官会在青春期加速发展，有时它们的功能无法顺利协调。

孩子们长高，长大，但可能不太灵活。器官的协调还需要训练，如果孩子在此过程中遭到讥笑或批评，他们就会认为自己很笨拙，一旦他们的动作被别人讥笑，他们会更加笨拙。内分泌腺对孩子发展的影响表现在促进其功能，但这并不是一种从有到无的全然改变。人在出生之时内分泌腺就已经开始作用，只是到了现在，它们的分泌增多，因此孩子的第二性征也更为明显——男孩长出了胡子，声音变得粗哑；女孩变得丰满、柔媚，但是这些正常的事情却常常让青年人感到惶惑。

走向成人的挑战

如果孩子们还没有准备好过成年人的生活，那么当职业、社交、爱情婚姻等各种问题一起迫近时，他们会异常害怕。

对生活的三大问题缺乏适当的训练和准备造成了青春期的所有危险，孩子们畏惧将来，他们自然会以一种最省力但却最无用的方式来应对。你越是命令、告诫、批评孩子，只会越加强他们的彷徨和不知所措；你越想让他们前进，他们反而越向后退。如果我们不鼓励他们，我们的帮助措施都不会见效，甚至会更伤害到他们。因为他们悲观和胆小，所以对他们来说，自我激励与奋发几乎是不可能的事情。

尽管有些孩子在青春期会希望自己永远不要长大——用儿语说话，学婴儿的行为举止等，但大多数人还是会尽其所能地让自己看起来像个成年人。也许他们实际上勇气不足，但仍然要学大人的姿态与行为方式。他们满不在乎地花钱，调戏异性并做爱。有些孩子正是因为在看清生活的道路之前便迫不及待地胡作非为，而走上了犯罪道路，特别是当某些少年其犯罪行为未被发现而认为可以隐瞒世人时，最容易发生这些情况。面对生活问题，尤其是经济问题时，犯罪是最简捷的方法之一。这就是为什么14岁至20岁的少年犯罪会快速地增加。这其实并不是一种新情况，而只是儿童时期便已经存在的暗流被较大的社会和家庭压力激发出来。

对一个活动程度较小的人来说，神经病是逃避生活问题的简捷方式。很多孩子会在这些年龄段患上官能性疾患和精神失常。所有神经病都是一种在保持个人优越感的前提下，拒绝生活的借口。当一个人不打算以公认的社会准则来解决他所面临的社会性问题时，便会出现神经病症。这种情况令人高度紧张。青春期身体的情况敏感地感受到了这种紧张，于是所有的器官都被它激发，所有神经系统也受到了影响，因此，犹疑和失败也可以以器官的不舒适为借口。在这种情况下，个人不管是在私下还是在人前，都会以病痛为借口，拒绝承担一切责任，这样便构成了神经病。所有神经病患的意愿都十分诚挚，他对社会感觉以及应付生活问题的要求十分了解。他让自己陷于神经病症中，以逃避这种要求，他之所以能放下重担，只是因为神经病本身。他借着自己的病痛来逃避问题，这就是神经病患与罪犯的区别。后者的社会感觉已然麻木，在表现其不良意愿时，也总是毫无顾忌。神经病患与罪犯两者到底谁对人类利益的损害较大？这一点我们无法判定，因为对神经病患来说，其动机虽善良，但其行为却自私，并且有意妨害别人；而罪犯虽然不掩饰他的敌意，但却要拼命地对他剩下的社会感觉进行压抑。

小时候被宠坏的孩子往往会经历青春期失败，由此可见，成年人的责任对于习惯了"衣来伸手，饭来张口"的孩子来说，是一种特殊的重担。他们希望继续得到他人的宠爱，可是他们发现，随着年龄的增长，人们的注意力从他们身上移开。于是，这些一直在人造的温暖气氛中的孩子们突然感受到外界的刺骨寒冷，并因此责怪生活欺骗了他们，导致了他们的失败。我们会发现这样的孩子会在成长的途中开倒车，他们最初的失败会发生在读书与工作上；他们会被以往那些似乎天资不如他们的孩子超越，那些孩子此刻表现出了出人意料的能力。这种情况并不矛盾，因为那些一直受人重视的孩子现在会担心让别人失望，如果他们能够继续受到帮助和赞赏，他们便有勇气继续向前，但一旦客观条件让他们不得不独立奋斗时，他们便会丧失全部勇气而退后；其他人则会因这种新的自由而备受鼓舞，他们有清晰的奋斗目标，充满了新的希望与激情；他们的兴趣也变得鲜明而热烈；独立对他们来说是成功与奉献的机会；他们都是勇敢的孩子。

从前总是觉得不被重视的孩子，现在可能因为接触的人开始变多，而希望能够被人欣赏，其中有些人对于争取别人的赞赏异常热衷。一个只想寻求别人夸奖的男孩，其处境很危险；而对女孩而言，由于她们通常都缺少自信，所以她们会认为除了获得别人的欣赏，没有什么可以证明自己的价值，这种女孩子很容易被男人欺骗。我发现，有些觉得不被家人欣赏的女孩子为了证明她们已经长大，便开始和男人发生性关系。她们之所以如此，是因为她们希望通过这种方法来获得他人的欣赏和注意。

性的吸引

青春期的男女生都会对性关系表现出过分重视，同时对其加以渲染。他们希望通过性关系证明自己的成熟，但结果却矫枉过正。

当一个人处于襁褓时代的最初几个星期时，就已经表现出相当明显的性驱力，但除非它有适当的表现，否则没什么能激发它。在它不受刺激的情况下，它的出现十分自然，我们无须为此感到惊讶，例如，当我们在1岁的婴儿身上发现性冲动征兆时，无须害怕。此时，我们可以运用我们的影响力，通过与孩子的合作来把他们对自身的兴趣转移到环境上。如果这种自渎无法阻止，那则另当别论。此时，我们可以断定这个孩子不是性驱力的牺牲品，他们是想通过它来达成自己的目的——通常是吸引他人的注意。他们知道父母会因为他们的行为而感到惊讶和害怕；他们也懂得如何捉弄父母。一旦他们发现这种习惯再也无法达到目的，就会自动放弃。

我强调过不应该给孩子们身体上的刺激。在亲子关系良好的家庭中，父母们为了增加孩子们的情爱，总是搂抱或亲吻孩子，要知道这是一种错误而且残忍的方式。父母也不应刺激孩子的心灵。我经常听到孩子们或成年人在回忆童年时，表达了他们对父亲书房中的某些春宫图书或影片的感想。那些真的都是些少儿不宜的画面，如果他们不受这样的刺激，问题就不会发生。

还有一种刺激形式我们已经在前面提到，即给孩子提供一些不必要、不合时宜的性知识。有许多成年人总是担心孩子们长大后会对性知识一无所知，因此他们就有一种散播性知识的冲动。其实，如果我们回顾自己的过去或研讨别人的历史就会发现，这种灾难并不会出现。我认为，除非孩子开始对性知识感到好奇而想知道，否则不要告诉他们。一个足够留意孩子的父亲，即使孩子不提问，他也能洞察孩子的好奇。如果孩子能把父母当作密友的话，他就会主动发问。这时，父母们应该用一种孩子所能吸收、了解这类知识的方式进行回答。

另外，父母最好避免在孩子面前表现得过分亲密。条件允许的话，孩子应该和父母分房睡，如果能同时做到与哥哥或姐姐分房就更加理想。父母绝对不能忽视子女的发展，一种切实可行同时能够真正解决问题的方法是：让教师成为社会进步的推动力。学校自然的发展方向应该是，训练教师来纠正儿童在家庭中养成的错误，同时发展他们的社会兴趣，并使之扩展到别人身上。正是因为家庭无法教导孩子应付日后生活的所有问题，才有必要设立学校作为家庭的延伸。我们应该利用学校来增强儿童的社交性、合作性，提高人们对人类幸福的兴趣。

我们的所有活动都应该建立在下列理想之上：许多人奉献自己的力量，于是我们能够在现代文化中享受各种利益。一个不合作、孤立自闭、不愿为集体奉献的人，其整个生活必然是一片荒芜，他们将不会在世界上留下任何痕迹。人只有奉献过，才有可能在世间保存其成就，他们的精神永存。如果儿童得到了这样的教育，那么他们自然会喜欢合作，即使在困难面前，他们也不会退缩，因为他们的力量足以用于解决最艰难的问题，并以符合众人利益的方式来解决它们。

职业问题

人类的合作与分工

我们之所以形成分工方法,是因为人类学会了合作。分工保障了人类的幸福。如果谁都不想合作,也不想继承前人成果,都只想凭一己之力在地球上谋生,那么人类必然灭亡。

我们可以通过分工来利用、组合许多不同的能力,从而对人类幸福做出贡献,保障人类安全,增加社会成员的机会。当然,我们不能将分工制度的完善性进行夸大,我们只能说,人类分工合作与人类的奉献精神是人们解决就业问题的一大关键。破坏人类合作,并且不公平地对待那些热心之人的,主要也是那些被宠坏的孩子。

母亲工作的价值总是被我们的文化过分低估,人们总是认为她们的工作不吸引人或不是很有尊严,它所能获得的报偿是间接的,而家庭妇女的经济也并不独立。但是,母亲的工作与父亲的工作同样决定了家庭的幸福与成功。无论母亲是否外出工作,她的工作地位绝不比丈夫的低。母亲是影响子女职业兴趣的第一人。对孩子在成年后的生活产生决定影响的,正是在生命最初四五年间所受到的训练和努力,而学校执行了训练的第二步骤。的确,学校正逐渐重视儿童的未来职业,并对孩子的眼、耳、手等官能技巧进行训练。这种训练与一般学科教育同样重要。但我们一定要记住:一般学科教学会对儿童的职业发展意义重大。依据以往的经验,学习这些科目能让心灵的各种功能都得到训练。一些新式学校十分重视对孩子进行职业与工艺训练,这也能在增加儿童体验的同时,提高他们的自信心。

孩子最初的志愿

当孩子长到12岁至14岁时,都应该对自己今后的职业有了大致的方向。如果他还不清楚,那真是件令人悲哀的事情。一个在表面上没有雄心壮志的孩子并不是对所有事情都不感兴趣,他可能只是缺乏将他的雄心表达出来的勇气。此时,我们就必须耐心地找到他的主要兴趣并对他加以训练。

有些孩子在16岁结束高中学业之时还不清楚自己将来要干什么。尽管他们品学兼优,但却对未来的生活拿不定主意。如果我们细心的话就会发现:这些孩子其实充满了雄心壮志,只是不愿与人合作。他们在分工制度中迷了路，也不知道如何实现自己的理想。因此，我们很有必要早一些询问孩子们的职业志愿。

还有些人总是对自己选择的职业感到不满。他们其实并不是想从事某项职业，而只是想通过这项职业来保证其优越地位。在他们看来，生活不应该给他们带来问题，所以他们不愿意面对任何生活问题。这些人也是被宠坏的孩子，他们想从别人那里得到帮助。大部分人也许会在某一天对他们在人生最初四五年间摸索出的职业方向真正提起兴趣，但却由于经济或父母的压力，而被迫将职业方向转到一个他们并不感兴趣的地方上，这更说明了儿童时期的训练是多么重要。在职业辅导中，必须重视最初记忆。有些孩子对他人说过的话，或某种声音有特别的印象，所以这样的孩子属于听觉型，他们可能更适合从事与音乐有关的职业；有些孩子可能对动作有印象，他们比较爱活动，所以对户外工作或旅行业比较感兴趣。

游手好闲、好吃懒做等逃避就业的毛病也与生命的早期训练有关。当我们发现这样的孩子在以后的生活中逃避困难时，必须以科学的方式找出其错误并对其进行纠正。懒惰在一个可以不用劳动就能得到收获的星球上，可能会成为美德，但勤劳的人却绝对看不起这样的行为。在我们所处的世界要求我们在从事某项职业时必须工作、合作、奉献。从前的人类通过直觉感受到这一点，现在的我们，则通过科学的态度发现了它的重要性。

天才与兴趣培养

只有对人类的共同福利有杰出贡献的个人才能被称为天才，毫无疑问，他们是最具有合作精神的人。我们也许无法从其行为与态度中看出其合作能力，但却能从其全部生命历程中找到它。

他们并不容易合作，他们的成长经历了许多曲折，他们几乎所有人都有某种器官上的缺陷，因此，我们总是认为他们的生命从一开始就多灾多难，可是他们历尽艰苦终于克服了种种困难。我们尤其能够看到，他们在很早之前便固定了一些兴趣，他们从儿童时便开始刻苦地训练自己，他们对其理性进行磨炼，以使得他们能够对世界上的各种问题进行思考与理解。我们可以从他们的早期训练中得出这样的结论：成就与天赋都由自身创造，而不是遗传或所谓的神赐。正是他们的奋斗使得后代能分享其成就，因此，早期的努力是以后成功的最佳基础。

有的人为了逃避爱情与社会问题，会拿职业当借口。当今社会中，总有人以事业忙碌为借口逃避爱情和婚姻问题，有时它也是失败的说辞。一个工作狂可能会说："婚姻不美满不是我的责任，因为我完全没有时间考虑我的婚姻。"特别是精神病人，他们想尽一切方法回避爱情和社会。他们总是远离异性，要么就是用错误的方法来接近他们；他们无法对别人产生兴趣，没有朋友；他们日夜操劳自己的事业；他们一直处于紧张状态中，结果引发了诸如胃溃疡之类的神经性疾病。于是，这种胃部疾病就理所当然地成为他们拒绝爱情和社会问题的借口了。另外有一些经常改变职业的人，总是认为下一份工作更适合他们，于是他们游移不定，但却一事无成。

对待问题儿童，找出其主要兴趣是我们应该做的第一件事。因为这比对他们进行整体性的鼓励要容易得多。如果是对待找不到合适职业的年轻人，或是职场失利的中年人，我们要找的则是他们的真正兴趣，然后，再利用这些兴趣对他们进行职业辅导，并且帮他们寻找就业机会。这件事很难，因为失业问题是我们这个时代的严重问题之一。但如果所有人都有合作精神，那么就不会出现这种问题。因此我认为，对合作重要性有所了解的人都有责任努力消除失业的现象，让所有乐于工作的工人都有事可做。增设职业学校、技术学校，以及成人教育等方法可以帮助这件事的推行。很多人失业是因为他们身无长技，他们也许从来就不关心社会生活。那些不学无术的人和对共同利益漠不关心的人都是人类的负担，他们认为自己的地位低下，因此我们就很容易了解，为什么大多数的罪犯、神经病患者和自杀者都是知识水平不高的人，因为他们缺乏训练，他们总是落在别人后面。

家长，教师，以及所有关心人类未来的进步和发展的人，都有义务为孩子们提供更好的训练，以保证他们在成年后，能够在社会分工制度中占有一席之地。

洞察人性

灵魂

决定心理生命

我们认定只有能自由移动的有机体才有灵魂,植物就不需要灵魂,可以想象把情感和思想附加在深根的植物身上是多么滑稽。假设一下,有一棵植物预感到不可避免的痛苦,同时它却无法使用被赋予的理性和自由意志,而只能使它们保持在萎靡不振的状态中。

行动与心理生命之间密切的因果关系构成了植物和动物的区别。动物一旦因变换位置遇到困难,灵魂就会发挥出预测、收集经验、累积记忆的功能,以使有机体适应生活。心理生命的发展与行动有关,而所有由灵魂完成的演化与进步仰赖于有机体自由行动的能力，这种能力会提高心理生命的强度，同时行动能力也须依靠较强大的心理生命。假如有人所有举动都不出我们所料，那他的心理生命是静止的，"唯自由孕育巨人，强制只会扼杀并造就毁灭"。

如果我们从以上角度思考心理的功能，我们会明白所思考的有机体根据所处环境会做出反应的这种能力是遗传的进化。心理生命由"侵犯"与"寻求安全"两种活动合成，它的最终目标是保护有机体活着并使他们安然完成自己的发展。

如果我们承认这个前提，我们就能进一步思考。我无法想象一个孤绝的心理生命的存在，任何心理生命都与环境密切相连，它从外界接受刺激，然后据此回应。它或者会去掉多余的能力或力量，它也会为了保障生命而设法遵从某些力量。

以上观点揭示出很多关系：心理生命与有机体本身有关、与人类的特质有关、与形体的天性有关、与它们的优点有关。因为，任何被解释成优点或缺点的力量或机制都是关系中的一项，它们的价值视个体本身的处境而定。比如，人类的脚被当作退化的手，对于需要攀爬的动物而言这是不利的退化，但对于必须行走于平地的人而言，它却是一项便利，所以没有人会喜欢一只"正常"的手胜于一只"退化"的脚。

事实上，在每个人的生活中，自卑感都不该被当作万恶之源，"处境"决定了它们是优点还是缺点。我们仔细回想一下宇宙间各种关系的差异，日与夜、太阳的主宰、原子的动能、人类的心理生命等，我们就会明白影响心理生命的因素繁多。

我们发现心理生命的行动朝向一个目标，因此人类灵魂是动态的体系，我们将它想成是诸种活动力量的合成。这些力量源自同一个原因，即完成某一目标。这个奋勉奔赴目标的目的论，是"适应"的观念中固有的。

人类的灵魂决定他们的心理生命。倘若朝向目标的活动未经过决定、持续、修正及导引，就没人能够思考、感觉、盼望、梦想，这是有机体适应环境、反应环境的需要。人类的生理与心理现象以及前文呈现过的那些根本为基础，如果不局限于常在目标的模式中，我们就无法想象个体在做决定时的心理演化。至于目标则可以是变动的，也可以是静止的。在这一基础上，关于灵魂生命的一切现象便可以当作为未来情境所做的准备。虽然心理机制中的灵魂不只是朝向目标的力量，但个人心理学确实只从"朝向一个目标"这个方向去思考人类灵魂的全部表现。

要了解个人的目标，首先我们必须了解他的行动及所表达的意义，并且要了解这些行动及表达有什么价值。此外，我们还需明白，这个人应该采取何种行动来达到目标，这就好比我们知道石头的路径后再让石头落地一样。虽然灵魂并不知晓自然的法则，可是只要某人有一个常在目标，那么他的每一个心理倾向都必然宛如遵守一个自然法则般追循着某一个驱迫力量。

灵魂生命确实存在人造的法则。有人会被表象所欺骗，认为谈论心理法则的证据已经足够。一旦有人相信自己已经展露出天性并确定了周围的环境，那他已经走偏了。好像一名画家要画一幅画，一旦有人提供给他具体的目标，他就仿佛受到自然法则的支配，依序进行所有的活动。但是，他画画的目的是因为受了某种驱使吗？

目标超越的倾向

所有与自由意志相关的疑问都以自然界和人类灵魂生命的活动不同这一点为关键。众所周知，人类意志并非自由的，首先人类意志本身可能纠缠，或者与目标联结就变得有所束缚，其次人的宇宙关系、动物关系、社会关系的环境常常决定其目标，所以心理生命常表现出被不变法则所统领。如果有人拒绝社会关系并与之对抗，或者不肯适应生活中的事实，那么这些不变法则将遭到排斥，改由新目标决定的法则取代。因此，心理生命内的行动只有在确定了适当的目标后才会基于需要而产生。

另一方面，因为大多数人都不知道自己的目标究竟是什么，从而我们很难从一个人的实际行动中推衍出他的目标。但在实践中我们必须遵循这一程序。由于活动带有多方面的意义，因此推行的过程很复杂。我们只能择取个人的许多活动加以比较再以文字描述，然后推知某两点（心理生命确定态度的表达、彼此差异的曲线显示）的关联从而了解这个人，这个方法适用于获得某整体生命的统一印象。以下的例子告诉我们如何才能在众多相似中发现一个成人的幼年模式。

一名具有极度攻击性格的30岁男子由于感到极度沮丧来找医生。他虽然获得了成功和荣誉，但是他抱怨自己没有工作或生活的欲望。他即将订婚，却对未来非常没信心，强烈的嫉妒感使他面临订婚势将破裂的危机。

此个案证明该男子没有自信的理由使人不信服，因为没有人认为是女孩的错。这名男子应该是在接近女孩后被对方吸引，却立即采取攻击的态度，这种举动势必会破坏他想建立的那种关系。

我们按照前文所提到的方法来描绘这位男子的生命格调。尽管记忆的价值不可能被客观测试，我们仍需要这位男子幼年时期的第一个记忆。这名男子的回忆是：母亲在他4岁时带着他和弟弟去市场，在混乱拥挤的市场中母亲本来用手臂挟着身为长子的他，后来母亲发现弟弟更需要照顾时便放开他转而去拉弟弟，从而使他在人群中被挤得狼狈不堪。听他重述这个回忆并结合他的抱怨，我们猜测到他不确定别人是否喜欢他，而且他无法忍受有人比他更讨人喜欢。我们指出这点后，病人立刻很惊讶地看清了这层关系。

个人活动所朝向的目标是由环境对孩童时期的影响决定的，每个人可能在生命的最初几个月便形成自己的目标，某些感受仍能在孩子年幼时期激发出快乐与难受的反应，虽然它表达的方式极其原始，但生命哲学的第一个痕迹由此显现。影响灵魂的基本因素在幼儿期就已确定，后来在此基础上再加盖结构，上层结构经过修正、受到影响后可能会转变。各类影响迫使孩子对生命产生固定的态度，而且也调节他对生命问题的独特反应。

相信人类性格在婴儿期即已初见端倪的研究者是正确的，但这点并不表示性格遗传自父母。认为性格遗传自父母的观念实在大有弊害，不但阻碍了教育人员的工作，也打击到他们自己的信心。同时，这一观点使教育人员有了逃避责任的借口，学生的不良表现都归因于遗传，这完全违背教育的目的。我们的文明树立起让孩子自己去实现愿望的疆界，人类及其文明的建立需要多少安全感？人类在生命的初期就知道"安全"是指如何保证人类有机体在最适宜的环境中生存。"安全的统合"在策划完全的机制运作中被谈到。小孩对安全的要求更高，因而更需要这种安全统合，他的灵魂生命便产生了一项新的活动，即"朝向支配及超越的倾向"。

小孩和成人都想优越于人，他一心一意努力超越来获得与自定目标相仿的安全与适应，因此他的心理生命涌出的不安状态，会随着时间流逝愈发明显。假设现在的环境需要比较精深的反应，如果孩子不相信自己有能力克服困难，我们会看到他努力逃避并不断地找复杂的借口，虽然这些会使他对荣耀的渴求更加明显。

于是，他眼前的"目标"就是逃避所有较大的困难，认为这样就能脱离困难。我们必须明白，人类灵魂的反应都只是部分的、暂时的，尤其是孩童的灵魂发展，绝不能认为是对问题的最终解决。我们能把衡量成人心理的"目标概念"暂时具体化的标准用在儿童心理上面，我们必须对孩子看远一点，并对他倾力去实现目标的能力表示怀疑。只有透彻诠释他的灵魂，我们才能明白他为自创的理想所表现的力量是否恰当。

我们必须站在儿童的角度看感情状态对其活动的影响，其中有一项就是乐观。乐观的小孩会充满信心地解决所遭遇的问题，在他成人后，也认为生活的使命大多在他的能力范围内。在这类孩子身上，我们能看到勇气、开放、坦率、责任、勤勉等特征。与此相反的情绪就是悲观，我们可以想象对于不自信的孩子而言，世界对于他会显得何其阴暗。我们在他身上看到怯懦、内向、不信任以及弱者寻求保护的一切性格和特质，他的目标也遥不可及。

要知道一个人的思想就必须察看他与同类的关系。一方面，宇宙的本质决定了人与人的关系；另一方面，固定的制度或习俗也起着重大作用。只有同时了解这些社会关系，我们才能领会心理活动。

群体生活的需要

灵魂的方向和不断产生的问题相关，所以灵魂不可能自由地行动。有待解决的问题也与人类群体生活的逻辑密不可分。群体生活的基本状况影响每个个体，单独的个体却很难影响群体生活。尽管如此，群体生活的现状也不是最终状态，因为它们数量繁多且容易有重大的变化。由于我们处于各种关系的网络中，因此很难完全洞悉心理生命的幽深。在进退两难中，唯一的解决办法是把我们群体生活的逻辑假设成是征服了人类的不完全组织及有限能力而产生的错误之后逐步接近的绝对真理。

马克思和恩格斯形容过的社会物质层面是我们思考的一个重要层面。他们认为，"经济基础"（指一群人生活其间的形式）决定"理想的、逻辑的上层结构"（指个体的思想与行为）。我们对"人类群体生活的逻辑"是"绝对真理"的观念，与他们的概念有部分吻合。历史和个体心理学已经教会我们，个体应对经济状况的需求得出权宜之计，一旦想逃离这种经济状况反而可能会陷入错误反应的网中。

阿德勒：这样和世界相处

群体生活的规则如同气候法则：气候迫使人想出御寒、造屋的方法；而社会群体生活的方式已存在于各种习俗当中，比如宗教用其神圣化的公共仪式形成了群体成员间的联系。我们的生活状态首先由宇宙影响力决定，其次由人类的社群生活加以调节，最后受群体生活法则和规范调节，这种群体需要奠定了人与人的所有关系。

在整个人类文明史上，生活形态都建立在群体基础之上。这一基本法则也适用于整个动物王国：凡是个体成员无法面对自我保存之战的物种，一定会通过群居集结成新的力量。

群体本能对人类做了终极贡献，它发展出灵魂来抵御严酷环境，而灵魂的本质透显出群体生活的需要。达尔文很早以前就指出：软弱的动物都群居生活。人类也被列入软弱的动物当中，因为他们对大自然只有些许抵抗能力，必须补充许多人造的东西才能生存下去。可以想象人类在没有文明工具的原始森林一定比别的有机体更不适于生存，因为他们没有其他动物的速度和力气、没有肉食动物的利齿、没有好的听力与敏锐的双眼，而这些是生存战斗中必备的条件。人类为了保障其生存需要大量的器具和周密的保护计划。

人类只有处在特别有利的情况下才能维持生存。这些有利情况通过社会生活提供，从而使社会生活变成一种需要。只有通过社群及分工，人种才能继续生存。单是"分工"一项（其主要意义就是文明），就足以使人类得到防卫及攻击的工具，人类也只有在学会分工后才懂得如何维护自己。

人类在生产时及婴儿期都需要小心地照顾，这只有在分工状况下才能实现。再想想人类血肉之躯承受的病痛有多少，我们就会体会到人类需要多少照顾，从而理解人类需要社会生活。"社会"，是人类继续生存的最佳保证。

心理现象

个体从小到大如何游戏、关心什么、梦的内容以及才能等重要的心理现象,都是朝向某一特定目标所做的准备。

个人心理学认为所有的心理现象都是针对特定目标所做的准备。在前文讲述的灵魂生命的轮廓里,我们看到灵魂不断为满足个人的愿望做准备。这是每个人的必经过程,而所有涉及理想的未来、神话、传说、冒险故事等,它们所关心的也都是这一过程。

所有宗教都认定曾存在过一个乐园,其中也有对未来人性能克服所有困难的期待。灵魂不灭或灵魂转世的教义，是相信灵魂能达到一个新形貌的确切证据。人类一直盼望一个快乐的未来，而世间每一则童话也都见证了这项事实。

游戏的态度

在完美的生活里，"游戏"清楚地显示了为将来做准备的过程。大家不能把游戏看作父母或教育者信手拈来的念头，而应把它们看成是教育的辅助，也是对孩子精神、幻想、生存技巧的刺激。

小孩接近游戏的态度、选择，以及他赋予游戏的重视程度，暗示了他对环境的看法、与环境的关系，以及他和同伴的合作情形。在玩耍时能明显看出他是敌意或友善、是否有当统治者的倾向。我们可以通过观察玩耍中的孩子看出他对生命的全部态度，这足见游戏的重要性。以上事实说明，应将孩子的玩耍视如为将来所做的准备。这一发现归功于教育学教授葛拉斯，他在动物的玩耍中也看到了相同的倾向。

在所有把游戏性质当作准备的观点中，最重要的一点是：游戏是让孩子能满足并成全其社会感的社交练习。我们怀疑规避游戏的孩子不太适应人生，这种孩子乐于从所有游戏中撤退，常常破坏其他孩子的玩兴。骄傲、自尊感不足及害怕不会扮演角色的恐惧，是这种行为的主要成因。总的说来，通过观察游戏中的小孩，我们就能肯定地判断出其社会感。

孩子是否追求超越的目标也可以在游戏时发现。我们只要观看孩子如何出风头，以及对能给他机会扮演领导人的游戏所表现出的喜好程度，就能发现这个倾向。游戏中蕴含着为人生准备、社会感，以及操纵与服从这些因素。

同时，游戏还呈现出孩子表现自己的可能性。游戏时，孩子不同程度地呈现了自己，他们的表现受到与同伴的关系的刺激。有些游戏特别强调创造倾向，那些含有给孩子创意练习机会的游戏是替未来职业做准备。在个人生命史中，确实有孩提时代替玩具娃娃做过衣服，长大就替成人做衣服的事例发生。

游戏与灵魂的关系密不可分，大家应该像对待专精的工作那样去看待玩耍。我们不能随意打扰一个游戏中的小孩，也绝不应用游戏来消磨时间。每个小孩都具有一些他日后要成为的那类人物的特质，因此在评量一个人的时候，我们应对他的幼年有所认识，这样就容易下结论。

专注才能

当我们用感觉器官来关注我们体内或身外的特殊事件时，我们就会有特别专注的感觉。专注是灵魂的特性之一，也是人类才能中的重要因素。它限于某一个感觉器官中，让我们觉得有什么正在准备，以眼睛的例子来说，视轴的方向会给我们这种特别紧张的感觉。如果"专注"唤起灵魂或有机体任何一部分的紧张，则此时这一部分以外的其他紧张都会被忽略。每当我们想专注一件事物时，都渴望排除所有的干扰。灵魂所牵涉的专注是指在个体和特定事实之间搭起桥梁的意愿，也是一种为攻击所做的准备，它基于我们的需要而生，或者是基于需要我们的全部力量朝向那一特殊目标的不寻常情况而生。

每个人都具备专注的能力（有病以及低能的人除外），缺乏注意力的人却又极常见，原因如下：首先，疲倦或疾病是影响注意力的因素；其次，有的人因为他们应该关注的事物不符合自己的行为模式所以不想去注意，只有碰到与他们的兴趣密切相关的事情时，他们的注意力才会被唤醒；最后，反抗的倾向也是影响注意力的深层原因。小孩很容易产生反抗的情绪，他们反抗每一个面对的刺激，所以教育者负有把孩子的学习与其行为模式结合起来的责任，使之与生命格调协调以便满足孩子。

有人能用所有的感觉器官来对待每一个变化，但有人则完全用眼睛接近人生，有人完全用听觉器官，有人则忽略周边的事物。我们可能见过这种情形：有人处在对自己大为有利的情况中却没有觉察，是他比较敏感的器官没有被刺激到的缘故。

只有对环境真正感兴趣才能唤醒注意力，只要兴趣存在，教育者就无须担心注意力的问题，兴趣成为一个人攻克一个知识领域的简单工具。在此过程中任何人都会有差错，当这种差错在一个人身上逐渐固定后，其注意力便被导向不太重要的事情。如果"兴趣"朝向某人自己的身体或力量，那么当他碰到想赢取的东西或是个人力量受威胁时，他就会专注起来，只要新的兴趣没有取代他对个人力量的兴趣，他的注意力就永远不会与其他不相干的事物联结。小孩子在缺乏外来肯定或认为自身并不重要时，立刻会产生专注的现象，从而忽视其他方面的注意力。

"不专注"其实是说，这个人想从一个状况中退出，改往他想要注意的方向去，因此，我们若说"某人没办法集中注意力"，这是不正确的，要证明他可以集中注意力很简单，只不过他的注意力常在别处罢了。意志力缺乏和精力缺乏，与注意力缺乏的情形类似，在那些意志力缺乏和精力缺乏的个案当中，我们常常发现他们在不同的方向表现出坚决的意志和强悍的精力，要治疗这种情形就不简单了，大概只能借改变这个人整个生命格调来试试看。

在这种个案当中，我们可以确定，每一个个案的问题症结都只是因为追求错了目标。

注意力无法集中的案例相当常见，常常有人拒绝或只完成一部分交代的任务，甚至直接逃避任务而成为别人的负担。这种经常性的散漫是一种固执的性格特点，会在别人要求他们做事时显露出来。

如果一个人因疏忽而使安全或健康遭到威胁，我们会称这种疏忽为"恶意的疏忽"，是指注意力缺乏到极点的现象，起因是对同类缺乏兴趣。我们观察孩子在游戏中的疏忽特性，就能判断他们是否会考虑到别人的权利。疏忽现象是衡量人类社会意识的标准，如果某人社会意识较弱，那么即便处罚也无法使他对同类产生充分的兴趣；如果社会意识发展良好，则兴趣自然存在，所以恶意的疏忽就是缺乏社会意识。但是，探察一个人对同类不感兴趣的原因仍然是要坚持的。

我们会因注意力的褊狭而造成遗忘，当兴趣被不快的经验遏阻就可能产生错失或记忆的失误。未习惯学校环境的学童遗忘课本就属于此类案例；常常遗失或误置钥匙的家庭主妇通常是还不熟悉这种角色的女性；健忘的人通常不公开反抗，但是他们的健忘也说明他们对任务缺乏兴趣。

潜意识与梦

前文常提到有些人不能认知到自己心理现象的意义。一个注意力集中的人很少能告诉你为什么他在瞬间看见了一切，可见我们虽然能够强迫注意力达到某种程度，但却不能在我们的意识领域内找到完整的心理功能。

引发注意力的刺激存在兴趣中，但是我们的兴趣大多存在于潜意识范围内。扩大来说，潜意识是灵魂生命的重要成分之一，我们可以在潜意识里找到一个人的行为模式，却只能在意识生活中接触到一种反映而已。

阿德勒：这样和世界相处
a de le
zhe yang he shi jie xiang chu

一个虚荣自负的女人可能只表现出谦逊的那一面给每个人看。虚荣的人未必要有虚荣的行为，因为她一旦知道就无法再虚荣下去了，她唯有把注意力放在与虚荣无关的事情上才能获得极大的安全。你很难就这个主题与一个虚荣自负的人交谈，他可能显露出逃避的倾向来免受侵扰。这些现象让我们更确定：他喜欢玩他的小把戏，但若碰到有人要揭去把戏的遮障时，他就会立刻采取防卫的态度。

就意识领域的范围来说，人类大抵可分为两类，一类是对他们的潜意识生命认识比较多；另一类则是认识比较少。在诸多案例中，我们发现第二类人所活动的范围比较小，而第一类人则多方面接触，并且对人、事、物、观念等有很大的兴趣。凡是觉得自己被遗忘的人都满足于狭小的生活圈，因为他们不能融入生活、不能清楚地看出问题、较难了解生活中美好的事物，他们也不是好的伙伴。由于他们对生活的兴趣有限，他们便只能理解生活问题中不重要的片段，他们害怕较宽广的视野，因为那等于是个人力量的丧失。

我们常常发现有人会因低估自己而对他的生活能力毫无所知；也会发现有人觉得自己是个不错的人，但实际上他做的每件事均出于自私；或者相反，有人自认为有点自大，但是仔细分析的结果却显示出他是个好人。所以，你自己的看法或别人对你的看法都无关紧要，重要的是对人类社会的整体态度，因为态度决定每个人的愿望、兴趣、活动。

我们又可以把人分为两类：第一类人过着比较有意识的生活，他们以客观的态度耳聪目明地去接近生活的问题；第二类人以偏见的态度去接近生活，因此便只看见了生活的一部分，这类人的行为举止总受无意识的指挥。这两类人站在彼此对立的位置，彼此都一无所知，他们只相信自己是正确的且表现得像和平的斗士，然而事实却与此相反。尽管表面上觉察不到攻击性，但他们所说的每个字其实都带有侧面攻击对方的效果，深究之下就会发现他们具有把自己的一生交给敌对和争斗的态度。

人类每时每刻都在发展自己的力量，这些藏在潜意识中的能力会不知不觉地影响他们的生活，偶尔还会导致可怕的结果。陀思妥耶夫斯基在他的小说《白痴》（The Idiot）中精彩地描述了这种事例，令心理学家们叹为观止。故事发生在一个社交场合里，一位女士用

阿德勒：这样和世界相处

嘲弄的口吻提醒伯爵不能碰坏与他邻近的一只昂贵的中国花瓶，伯爵保证会留神，几分钟后花瓶掉落地上摔成碎片，在场的人都认为这是理所当然，因为这是受辱的主人公的性格使然。

我们不能只用受有意识的行动指引去判断一个人，他自己没有觉察的思想及行为上的细节往往可以给我们更好的线索去了解他真实的人格。

比如，有咬指甲或挖鼻孔等不雅习惯的人，他们不知道这样的行动透露出他们固执的性格。我们很清楚小孩若有这种习惯一定会被再三责骂，如果他们仍然不放弃这些习惯就可见他们必是固执的人。假如我们的观察越来越专业，我们就能借着观察这种不太重要的细节（然而这却是他们整个存在的反映）而得出关于这个人的相差不远的结论。潜意识的事保留在潜意识中，对于心理能量的节省是多么重要的事。人类灵魂具有指挥意识的能力，也就是说，从某些心理活动的立场来看，碰到需要有意识时，它就会先指挥意识，或者反过来，如果让某些事保留在潜意识中，使人不知不觉，但对于维持一个人的行为模式比较好的话，灵魂就会自动这样做。

恋爱与婚姻

对爱情与婚姻的正确准备是成为一个能适应社会的男子汉的必要条件。人类需要接受从孩童期到成熟期的某种性的本能的训练,这种训练包含着对家庭与婚姻的本能的正常满足。我们可以在早期生命形成的原型中找到对爱情或婚姻的倾向。观察原型中的特质能帮助我们解决成年时期所出现的困难。

平等的条件

爱情与婚姻中的问题与一般社会问题的性质相同,两者具有相似的困难和工作。把爱情与婚姻看成一种幻

阿德勒：这样和世界相处

境，并认为一切事物会根据个人的欲望而产生的观点是错误的。在爱情和婚姻中一直都有工作要做，这要求人们把别人放在心上并充满兴趣。

在爱情与婚姻中，除了社会适应的一般问题，还需要人们有一种格外的同情心和认同于另外一个人的能力。现在那些仍无法过家庭生活的人，是因为未曾学习到用眼睛看、用耳朵听，以及设身处地为人着想。

前文的讨论集中在只对自己有兴趣的孩子，此种类型的孩子无法在一夜之间就改变个性。他们对爱情与婚姻没有准备，就如他们没有准备应付社会生活一样。

社会兴趣是一项缓慢的成长。只有从孩童时期就得到与社会兴趣相关的有效训练，然后一直朝着生活有用面努力的人才真正具有社会感觉。从这一方面就能判断出一个人是否准备好应付异性的生活。

处在生活有用面的人是有勇气的，他们对自己有兴趣，能面对生活的问题并积极寻找解决方法；他们有朋友并且与邻居的关系很好。只有具备这些特质的人才被认为已经准备好面对爱情与婚姻，并且是可信赖的。换而言之，一个人如果能在职业上谋求发展，他可能就能做好面对婚姻问题的准备。我们可以从细小却重要的表象来评断一个人是否具有社会兴趣。

爱情与婚姻的问题从社会兴趣的性质上来说，唯有系于整个平等的基础，才能圆满解决。这个平等更注重给与取，两人之间的敬重是否平等倒显得不太重要。世上有各种各样的爱情存在，爱情本身并不能解决问题。唯有在适当的平等基础上，爱情才会走上正确的途径，婚姻才会成功。

如果有人想在结婚后成为一个征服者，可能会导致悲剧。对婚姻具有这种期待是错误的准备，这会在婚后被证明。婚姻中没有地方可以容纳一个征服者，它要求对别人有兴趣，并且要具备为人着想的能力。

结婚准备

婚姻有必需的特殊准备，这包括与性吸引本能有关联的社会感觉的训练。事实上，每个人从孩童时代起就创造出异性的理想形象。对男孩而言，母亲是最可能的理想对象，他会一直寻找相同类型的女人来结婚；如果男孩和母亲之间有不愉快的紧张气氛存在，那他可能会寻找一个相反的类型。小孩与母亲以及妻子三者之间的关系是一致的，我们甚至可以从眼睛、体型、头发的颜

阿德勒：这样和世界相处
a de le
zhe yang he shi jie xiang chu

色等细节观察出来。

遭受强悍母亲压抑过的男孩，将不愿勇敢地继续爱情与婚姻，因为他的性理想会是一个羸弱的、顺从类型的女孩；如果他是好斗的类型，那婚后他会和太太争斗并想要驾驭她。

一个人在面对爱情问题时，其孩童时期显露出来的特征会被强调和增加。具有自卑情结的人因为感觉到羸弱和自卑，会在性方面要求别人支持他的感觉，这种人通常具有像母亲性格的理想，也许他会凭借对自卑感的补偿而采取相反的态度来对待爱情，他开始变得傲慢自大、顽强和具有攻击性。如果他勇气不足，他可能会选择一个好斗的女孩子，因为在一场严重的打斗中胜出是很光荣的事。

表现为自卑感或优越感的满足的性关系是愚蠢而荒谬的，但是这类事情却经常发生。我们能够发现很多人所追求的伴侣只是一个牺牲者，他们不明白不能因此种目的而表现性关系。因为只要有人想做征服者，必然导致另外一个人产生同样的想法，这样一来不可能有正常生活。

人们在伴侣的抉择上受到满足个人情结的特殊启

示，它解释了为何有些人会选择衰弱的、病痛的或年岁很大的人，这是别种方法难以了解的。他们的选择是为了事情能更为容易，比如因为不愿意解决问题而选择一个已婚人士作为伴侣，或者有人会同时与两个人恋爱。

具有自卑情结的人会经常更换职业、拒绝面对问题、永远完成不了什么事，他们也以同样的方式对待爱情。不管是爱恋已婚者还是同时爱两个人，都是满足他们习惯性倾向的途径。当然，还存在其他类似于延长订婚期、更换伴侣等途径。

被宠坏的小孩渴望在婚姻中得到伴侣的纵容。这在刚追求时或结婚的第一年内可能不会有问题，但复杂的情境必定会随之而来。我们想象得到两个都希望被纵容的人结婚后的情形，他们仿佛站在彼此面前期待着永不可能发生的事，两人都觉得自己不被了解。

婚姻顾问

婚姻中存在的许多错误不可避免地会导致问题的出现。这些源于孩童时期的错误能通过对原型的探究从而得到改变。因此，有人想到成立一个由专业人士组成的忠告性的"顾问处"，他们选用个体心理学的方法来了解个人生活中的一切事情如何联结，进而排解婚姻生活中的错误。

这些专业人士不会说出"你不能同意、你要不断争取、你应该离婚"这些绝对性的话语。其实，婚姻中的问题不是仅依靠离婚就能解决。通常离婚的人会再结婚并继续同样的生活方式，结果我们能看到一再离婚又一再结婚的人，他们只是重复自己在婚姻中的错误而已。这时，顾问处就派上用场，人们可以在开始一段婚姻或爱情前进行咨询，看看有没有成功的希望，这样就能降低离婚的可能性。

很多始于孩童时期的小错误会直到婚姻时期才显示出严重性。一些总是感到失望的人很可能在孩童时期从来就没有快活过，他们不是感到自己在感情上被放错了位置而使其他人更受宠爱，就是他们早期经历到的困难使得他们迷信地害怕这个悲剧会再度发生，这种心态会造成婚姻生活中的嫉妒和猜疑。

如果女人总是抱着自己只是男人玩乐的工具，且男人总是不忠的这样的观念，那么她的婚姻生活绝不会幸福。因为她们早有了先入为主的偏见，这样幸福就不可能存在。

人们对爱情和婚姻的探求一直孜孜不倦，它已经成为生活中最重要的问题。然而个体心理学却认为它并不是最重要的问题，因为在生活中所有问题都同等重要，一旦加大爱情与婚姻问题的重要性，那他们将会失去生活中的和谐。

同时，爱情与婚姻因为其特殊性以及没有常规的指示从而在某种程度上被人们所轻视。生活中有三大重要问题，其中之一就是社会问题，它包含着我们对别人的行为。个体在生命的第一天起就被教导如何在众人之间行动，职业也具有同样常规的训练，权威人物和书本都会教导我们如何去做，却没有任何书籍教导我们如何准备去面对爱情和婚姻。虽然大多数文学作品和很多事物都直接与爱情和婚姻相关，但是却很少有如何处理婚姻的书籍。我们的文学关心的是有困难的女人和男人，从而让人们对婚姻过分小心。

我们能在《圣经》中发现女人开始了一切麻烦的故事，而自从那时起，男人和女人在他们的爱情生活中总是在经历巨大的危险。我们的教育把男孩和女孩准备得像是应付罪恶一般。训练女孩子们在婚姻角色上扮演得更为女性化，男孩子扮演得更为男性化是更为明智的选择，当然这要求在两者具有平等的感觉上。女人感觉到处于劣势的事实,这证明我们的文化失败了。

有位年轻人在与未婚妻跳舞时眼镜掉了,他拾起眼镜时几乎把未婚妻击倒,这使得旁观者大为惊讶。朋友询问他这么做的原因,他的回答是不能让未婚妻踏坏眼镜。这位年轻人并没做好面对婚姻的准备,自然这个女孩最终也没有嫁给他。

德国用一个古老的方法来测验一对伴侣是否已准备好面对婚姻,这种习俗是给一对伴侣一把有两个把手的锯子然后两人共同锯树干,其他人则拿着钟表围观。因为锯树成为两人共同的工作,所以他们必须对对方感兴趣,并使自己的动作与对方配合好。这是个测验是否准备好面对婚姻的好方法。

在结论中,我们重申以下观点:只有适应社会的人才能解决爱情与婚姻的问题。缺乏社会兴趣者很容易在爱情和婚姻中产生问题,只有当他们改变后错误才能消除。婚姻是两个人共同的工作,但是我们却被教育成去做对方的工作,或去做十个人的工作。尽管解决婚姻问题的教育缺乏,但只要两人能认识到自己个性中的错误并以平等精神来待人接物,就能适当把握这方面的艺术。

生活的意义

人类的维系

人类生活于"意义"的领域之中。对环境的认识是根据环境对人类的重要性,而非纯粹的环境。例如,最简单明了的"木头""石头"亦是指"与人类有关系的木头""能作为人类生活因素之一的石头"来认识。即经过解释,赋予现实以意义而感受之。假使有人想脱离意义的范畴而生活于单纯的环境之中,那么他的结果将非常不幸:自绝于他人,其举动对他自己或别人均无意义。

面对"生活的意义是什么"这一问题,通常人们不

阿德勒：这样和世界相处

是不愿回答，就是老生常谈式地来搪塞。然而，自有人类历史起，此问题便已存在了。当今，青年们——年长者亦是如此——常会感叹："我们是为什么而活？生活的意义是什么？"不过，他们只有在遭受失败的时候，才会有这个疑问。假如万事在他们面前都平淡无奇，亦无困难阻碍，那么这一问题便不会被诉之于言辞。事实上，我们每个人都会将这个问题及其答案表现于自己的举手投足之中。如果我们对一个人的话语充耳不闻，而只观察他／她的行为，我们将会发现：他／她有个人的"生活意义"，他／她的姿势、态度、动作、表情、礼貌、野心、习惯、特征等等，都遵循这一意义而行，他／她的举止表现出他／她似乎对某种生活的解释深信不疑，他／她似乎在断言："我就是这个样子，而宇宙就是那种形态。"这便是他／她赋予自己以及生命的意义。

生命的意义因人而异。每一种意义都可能含有错误的成分，没有人拥有绝对正确的生命意义。因此，意义的领域亦充斥着错误。而只要是被人们应用的生命意义，也不会是绝对错误的。所有的意义都在这两个极端间变化：或美妙或糟糕，偏颇或多或少。美妙者，具有某些共同特质；糟糕者，亦缺少某些特质。如此我们可以得到一种科学的"生命意义"，它是真正意义的共同尺度，即能使我们应付与人类有关的现实的"意义"。在此，我们必须牢牢记住："现实"是相对人类而言，是对人类目标和计划的现实。除此，别无现实。

每个人的现实均由三种重要的维系构成，这些维系衍生出来的问题与他／她相伴相生，他／她需要铭记之，并不断地做出回答。他／她的答案就是他／她对生命意义的个人概念。人类居住于地球这一贫瘠星球的表面上，无处可逃。这个限制，借我们居住之处供给我们资源而成长。我们必须发展我们的身体和心灵，以保证人类的未来得以延续。此即第一种维系。每个人都需要去正视这一维系，无论做什么，我们的行为都是对人类生活情境的解答：它们表明了在我们心目中哪些事情是必要的、合适的、可能的、有价值的。这些解答又都为"我们属于人类"以及"人类居住于此一星球之上"等事实所限制。

当考虑到人类肉体的脆弱性以及我们居住环境的不安全性时，我们明白：为了我们自己的生命，为了全体人类的幸福，我们必须拿出毅力来界定我们的答案，以使它们视野宽广且前后一致。与面对一个数学问题相似，我们不能单凭猜测，也不能存侥幸心理，而是用尽力所能及的各种方法，坚定地寻求解答。即使不能发现绝对完美的答案，我们也必须努力找出近似者。而我们坚持不懈探索答案的前提还是基于"我们居住于地球这一贫瘠星球的表面上"以及我们居住的环境带给我们的种种利益和灾害。

第二种维系：我们并不是人种的唯一成员，还有其他人生活在周围。我们活着，必然会和他们发生关联。由于个人的脆弱性及种种限制，人们无法独自达到目标。

假如只有他/她一个人孤零零地生活，并且想只凭借自己的力量来解决问题，结果必然会灭亡。因为脆弱、无能和限制，他/她自己无法永葆生命，人类的生命也无法延续。所以他/她必须和他人发生联系，这种联系是个人为自己的幸福、为人类的福利所采取的最重要步骤。基于"我们生活于和他人的联系之中，假如我们变得孤独，我们必将灭亡"这一事实，解决生活中的每一种问题都必须将这种联系考虑在内。总而言之，我们最大的问题和目标是在我们居住的星球上，与同类合作，以延续我们的生命和人类的命运——即要想生存，我们的情绪就必须与这个问题和目标互相协调。

此外，还有一种维系束缚着我们：人类有两种性别。个人和团体共同生命的延续都必须正视这一事实，每一个男人或女人都无法回避这一问题。人们可以用许多不同的方式来解决这一问题，他们的举动即表现出，他们认为这就是他们解决这个问题的最佳方法。爱情和婚姻即属于这种联系。

这三种维系衍生了三种问题：如何谋求一种职业，才能使我们在地球的天然限制之下得以生存；如何在同类中获取地位，以便我们能互助合作并分享合作的利益；如何调整我们自身，以适应"人类存在有两种性别"和"人类的延续和扩展，有赖于我们的爱情生活"等事实。

个体心理学（Individual Psychology）发现，生活中的每一个问题几乎都可以归类在职业、社会和性这三个主要议题之内。每个人对这三个问题的反应，都显露出其对生活意义的最深层感受。举个例子，假如有一个人，他的爱情生活很不完美，对工作不够尽心尽力，朋友很少，且与同伴接触不甚愉快。那么，依据他生活中的这些拘束和限制，我们可以断言，他肯定会感到机会太少、挫折太多，"活下去"是件艰苦而危险的事。

阿德勒：这样和世界相处

"生活的意义是保护自己以免受到伤害、把自己圈起来，避免和别人接触"，从他的这一反应，我们也能了解到他的活动范围很狭窄。相反，如果这个人爱情生活等各方面都非常甜蜜而和谐，他的工作成就斐然，朋友很多，且交游广泛而成果丰硕，我们则能断言，这样的人必然会觉得生活是段富于创造性的历程，它提供了许多机会，却没有不可克服的困难，从他应付生活中各种问题的勇气，可见，"生活的意义是对同伴发生兴趣，作为团体的一分子，并对人类幸福贡献出自己的一分力量"。

在这里，我们可以见到各种错误或者正确"生活意义"的共同尺度。所有的失败者——神经病患、精神病患、罪犯、酗酒者、问题少年、自杀者、堕落者、娼妓——之所以失败，就是因为他们缺乏从属感和社会兴趣。他们在处理工作、友谊和性等问题时，都不相信这些问题可以用合作的方式解决；赋予生活的意义以个体的属性，并认定没有哪个人能从完成其目标中获得利益；兴趣也仅停留于自己身上。因此，他们争取的目标是一种虚假的个人优越感，其成功也只对他们自身才有意义。例如，谋杀者手中握有一瓶毒药时，可能会产生一种权力在握的感觉。但是，这种重要性只有他／她自己相信，对别人而言，拥有一瓶毒药并不能抬高他的身价。事实上，属于个人的意义其实是根本无意义的，意义只有在和他人交往时，才有存在的可能。我们的目标和动作也是一样，它们的唯一意义在于对别人的意义。每个人都努力地想使自己变得重要，但是如果他／她不能认识到人类的重要性是依他们对别人生活所做的贡献而定，那么他／她必定会踏上歧途。

共同分享

我曾听过一则关于某一宗教小团体领导人的逸事。有一天，这一领导人召集了她的教友并告之"下星期三，世界末日将要来临"。教友们大为震惊，即刻放弃了俗世的杂念，变卖自己的财产，紧张地等待天灾地变到来。结果，星期三过去了，却毫无异象。星期四，教友群体向教主兴师问罪："瞧瞧我们处境的困难吧！我们放弃了所有的保障，且告诉每一个遇到的人。他们讥笑我们的时候，我们还坚定不移地说，'我们的消息是从最绝对的权威处听来的。'现在，星期三已经过去，世界怎么仍安然无恙呢？"这位女教主说道："我的星期三并不是你们的星期三！"她以为用属于她私人的意义就可以逃避别人的攻击。可见,属于私人的意义确实是经不起考验的。

所有真正的"生活意义"的标志是共同的意义——别人能够分享,亦能被别人有效地认定;是解决生活问题的优良方法,必然也能为别人解决类似的问题,因为我们可以从中看到如何用成功的方式来解决共同的问题。即便是天才,也只能用其至高无上的效用来定义,因为一个人的生命只有被别人认定为很重要时,才会被称为天才。表现于这种生活中的意义必然是"对团体贡献力量"。在这里,我们谈的不是职业动机,也不是职业,而只关注成就。能够成功地解决人类生活中问题的人,他/她行为的方式显然已经认清生活的意义在于对别人发生兴趣以及互助合作。他/她所做的每件事情似乎都与同类的喜好相适应,遭遇困难时,会以和谐的方法加以克服。

对许多人而言,这很可能是一种新的观点。他们也许会质疑,我们赋予生活的意义是否真的应该是奉献、对别人发生兴趣和互助合作。他们或许会问:"对于自己,我们又该做些什么呢?如果一个人总是考虑别人,为别人的利益着想而奉献自己,他/她岂不是很痛苦?如果一个人想要适当地发展自己，至少也应该为自己设想一下吧？我们之中难道没有人应该学习怎样保护我们自身的利益，或加强我们本身的人格吗？"我认为这种观点是大谬不然的，它提出的只是些虚假的问题。假如一个人在他／她赋予生活的意义里，希望对别人能有所贡献，且其情绪也都指向这一目标，他／她自然会把自己塑造成最有贡献的理想人格，会为目标而调整自己，会以其社会感觉来训练自己，从而从练习中获得种种技巧。认清目标后，学习即会随之而行。慢慢地，他／她会开始充实自己以解决这三种生活问题，并扩展自己的能力。以爱情与婚姻为例，如果我们深爱着我们的伴侣，致力于充裕我们爱侣的生活，我们自然会竭尽所能地表现出自己的才华。假使我们没有奉献的目标，而只想凭空发展人格，那只是装腔作势，只能使自己更不愉快。

奉献

另外，还有一点足以证实：奉献乃生活的真正意义。如若今日我们检视从祖先手里接下来的遗物，我们将会看到他们所遗留下来的都是对人类生活的贡献。我们看到开发过的土地，我们看到公路和建筑物。在传统中，

阿德勒：这样和世界相处

在哲学里，在科学和艺术上，以及在处理人类问题的技术方面，我们还看到了他们生活经验互相交流的成果，这些成果都是对人类幸福有所贡献的人们留下来的。

其他的人们结果又如何呢？那些不合作分子，那些赋予生活另一种意义的人，那些只会问"我该怎样逃避生活"的人，最后怎么样了？他们连一点痕迹也没有留下。他们不仅已经死亡，而且整个生命都贫瘠不堪。我们的地球似乎曾对他们说过："我们不需要你，你根本不配活下去。你的目标，你的奋斗，你所抱持的价值观念都没有未来可言。滚开吧！一无可取的人！快点死亡，快点消逝吧！"对于不是以合作为生活意义的人，我们所下的最后断语是"你是没有用的。没有人需要你，走开"。当然，在我们现代的文化中，我们会看到许多不完美之处，当我们发现了弊病，我们就该去改变它，不过这种改变仍然必须以为人类谋取更多福利为前提。

了解这种事实的人到处都有。他们知道生活的意义是对人类全体发生兴趣，他们也努力地培养爱情和社会兴趣。在各种宗教中，我们都能看到这种救世济人的胸怀。世界上所有伟大的运动，都是为了要增加社会利益，宗教即是朝此方向努力的最大力量之一。然而，宗教的本旨经常被曲解——除非它们更直接地致力于此工作，因为根据它们现在已有的表现，我们很难看出它们能做更多的事。个体心理学采取科学方法，采用科学技术，也获得同样的结论。我相信，个体心理学使人类对同类的兴趣大为增加，所以它或许比政治或宗教等其他运动更能接近这一目标。我们从各种不同角度探讨这一问题，但目标却始终如一——增加对别人的兴趣。

这种赋予生活的意义，其性质有如我们事业的守护神或随身恶魔，因此对这些意义是如何形成的，它们彼此之间有哪些不同，如果它们犯了重大的错误，又应如何纠正等事情的了解，是至关重要的。这是属于心理学的研究范畴。

心理学有别于生理学或生物学，即它能利用对"意义"以及它们对人类行为及人类未来的影响等事情的了解，来增进人类的幸福。从呱呱坠地之日起，我们即在摸索着追寻此种"生活的意义"。即使是婴孩，也会设法估计一下自己的力量，以及此种力量在环绕着他的整个生活中所占的分量。在生命开始后第五年末，儿童已发展出一套独特而固定的行为模式，这就是他／她应对问题和工作的样式。

阿德勒：这样和世界相处
a de le
zhe yang he shi jie xiang chu

此时，他／她已经有了"对这世界和对自己应该期待些什么"的最深层和最持久的概念。之后，他／她经由一种固定的统觉来观察世界，经验在被接受之前，即已被预先解释，而此种解释又是依照最先赋予生活的意义而进行的。即使这种意义错得一塌糊涂，即使这种处理问题和事物的方式会不断带来不幸和痛苦，它们也不会被轻易地放弃。只有重新检讨造成这种错误解释的情境，找出谬误之所在，并修正统觉，这种生活意义中的错误才可能被矫正。

在少数情况下，个人也许会被错误的结果逼迫，而修正他／她所赋予生活的意义，并凭自己的力量成功地完成这种改变。然而，如果没有社会的压力，如果他们不能发现"假使自己依旧我行我素，必然会陷入绝境"，那么他们肯定不会这样做。而且，这种错误的修正，大部分需要借助于某些受过训练而了解这些意义的专家，他们能参与帮助发现最初的错误，并从旁建议一种较为合适的意义。

童年的经验

这里我们举个例子说明童年时的情境可以用许多不

同方式来解释。童年时期的不愉快经验是可能被赋予完全相反的意义的。对不愉快经验不大在意的人，他／她的经验除了告诉自己做某些防患未然之事，便不会影响他们，他／她会认为："我们必须努力改变这种不良环境，以保证我们的孩子会过得更好。"另一种人会认为："生活是不公平的。别人总是占尽了便宜。既然世界这样对待我，我为什么要善待世界？"有些父母就这样告诉他们的孩子："我小时候也遭受过许多苦难，我都熬下去了。为什么你们就不该吃些苦头？"第三种人则可能觉得："由于我不幸的童年，我做的每件事都是情有可原的。"这三种人的解释都会表现在他们的行为里，除非他们改变解释，否则他们的行为不会有所改变。

在此，个体心理学扬弃了决定论：经验并不是成功或挫败之因，我们不会被经历过的打击所困扰，我们只是从其中取得决定我们目标之物。我们被我们赋予经验的意义决定了自己。当我们以某种特殊经验作为自己未来生活的基础时，很可能就犯了某种错误。意义不是由环境决定的，而是我们赋予环境以意义，这意义决定了我们自己。

然而，儿童时期的某些情境却很容易孕育出严重错误的意义，大部分的挫败者都属于这种情境下成长的儿童。首先，我们要考虑曾经因为在婴儿时期患病或先天因素，而导致身体器官缺陷的儿童。这种儿童心灵的负担很重，他们很难体会到生活的意义在于奉献。他们大都只关心自己的感觉，除非有与之很亲近的人将其注意力由他们自身引到别人身上。以后，他们还可能因为拿自己和周围的人比较，而感到气馁。在我们现代文化中，他们甚至还会因为同伴的怜悯、揶揄或躲避而加深自卑感。这些环境都可能使他们将注意力转向自己，丧失在社会中扮演有用角色的希望，且认为自己被这个世界侮辱了。

研究器官有缺陷或内分泌异常儿童所面临的困扰，我想我是第一人。这门科学虽然已经相当进步，但是它发展的方向却不如我所愿。我一直想找出可以克服这种困难的方法，而不是找寻能够把失败的责任归之于遗传或身体环境的证据。器官的缺陷并不能强迫人们采用错误的生活模式。我们无法找出内分泌腺对他们有同样效果的两个儿童。我们经常看到克服这种困难的儿童，他们在克服这些困难时还发展出非常有用的才能。在这方面，个体心理学并不鼓吹优生学的选择。有许多对我们文化有重大贡献的杰出人才都有器官上的缺陷，他们的身体素质很差，有的甚至早夭。

然而，这些奋力克服身体或外在环境的困难的人，却造就了许多新的贡献和进步。奋斗使他们坚强，也使他们勇敢向前。虽然我们无法判断心灵的发展将会变好或变坏，但是器官或内分泌腺有缺陷的儿童，绝大多数都未被导向正途，他们的困难也未曾被了解，结果大多变得只对自己有兴趣。因此，我们在早年生活曾因器官缺陷而感受到压力的儿童之中，便发现了许许多多的挫败者。

第二种常见的在赋予生活的意义中造成错误的情境是把儿童娇宠坏了。被娇宠的儿童大都会期待别人把他／她的愿望当法律看待，他／她不必努力便可成为天之骄子，通常他／她还会认为与众不同是其天赋权利。结果，当他／她进入一个不以其为中心的情境，别人也不以体贴其感觉为主要目的时，他／她即会若有所失而觉得被世界亏待了。他／她一直被训练为只取不予，也从未学会用别的方式来应对这种处境。习惯了被人服侍，自然就丧失了独立性，也不知道自己能为自己做些什么事情。

阿德勒：这样和世界相处

当他/她面临困难时，只有一种应付的方法——乞求别人的帮助。他/她似乎以为如果能再获得突出的地位，或者能强迫别人承认自己是特殊人物，那么他/她的情况就能大为改进了。

被宠坏的孩子长大之后，很可能成为我们社会中最危险的一群。他们中的有些人会严重地破坏善良意志，装出"媚世"的容貌，以博取擅权的机会，可是却暗中打击平常人在日常事务上所表现的合作精神。还有些人会做出更公开的反叛：当他们不再看到自己所习惯的谄媚和顺从时，就会觉得自己被出卖了，他们认为社会对其充满敌意，而想要施以报复。假使社会真的对他们的生活方式表示敌意（这种事经常发生），他们会拿这种敌意作为他们被亏待的新证据。这就是惩罚为什么总是不生效果的原因：它们除了加强"别人都反对我"的信念，就一无所用了。被宠坏的孩子无论是暗中破坏或是公开反叛，无论是以柔术驾驭别人或是以暴力施行报复，他们在本质上都有同样的错误。事实上，我们发现许多人先后使用着这两种不同的方法而其目标却始终未变，他们觉得"生活的意义是独占鳌头，且被认为是最重要人物，并获取心中想要的每件东西"。只要他们继续将这种意义赋予生活，他们所采取的每种方法就都是错误的。

第三种很容易造成错误的情境，是被忽视的儿童所处的情境。这样的儿童从来不知爱与合作为何物，他们建构了一种没有把这些友善力量考虑在内的生活解释。我们不难了解：当他／她面临生活问题时，总会高估其中的困难，而低估自己应付问题的能力和旁人的帮助及善意；他／她曾经发现社会对自己很冷漠，从此就误以为社会永远是冷漠的；他／她更不知道能用对别人有利的行为来赢取感情和尊敬，因此，他／她不但怀疑别人，也不能信任自己。事实上，感情的地位是任何经验都无法取代的，母亲的第一件工作就是让她的孩子感受到她是位值得信赖的人，然后她必须把这种信任感扩大，甚至涵盖儿童环境中的全部事物。如果她的第一个工作——即获得儿童的感情、兴趣和合作——失败了，那么这个儿童便不容易发展出社会兴趣，也就很难对其同伴产生友好之感。每个人都有对别人发生兴趣的能力，但是此种能力必须被启发、被磨炼，否则其发展即会受到挫折。

假使有个完全被忽视、被憎恨或被排斥的儿童，我们很可能发现：他／她很孤单，不能和别人交往，无视合作的存在，也全然不顾能帮助其和别人共同生活的任

阿德勒：这样和世界相处

何事物。然而，我们说过，在这种环境下的个体必然会死亡。儿童只要度过了婴儿期，便足以证明他／她已经受到了某些照顾和关怀。因此，我们不讨论完全被忽视的儿童，我们只考虑那些受到的照顾较常人缺少者，或只在某方面受到忽视，其他方面却一如他人者。总之，我们想说被忽视的儿童肯定未曾发现值得他／她十分信赖的人。我们的文明有种悲哀的讽刺，即许多生活中的失败者，其出身都是孤儿或私生子。通常，我们都把这种儿童归类为被忽视的儿童。

这三种情境——器官缺陷，被娇宠，被忽视——最容易使人将错误的意义赋予生活。从这些情境中出来的儿童几乎都需要帮助，以修正他们对待问题的方法，他们必须被帮助以朝向较好的意义。假使我们关心这些事情——即假如我们对他们有真正的兴趣，也曾在这方面下过功夫——我们将能在他们所做的每件事情中，看出他们的意义。梦和联想已被证实很有用处：做梦时和清醒时的人格都是相同的，但是在梦中社会要求的压力较轻，人格能不经过防卫和隐瞒而表现出来。不过，要了解个人赋予自己和生活的意义，最大的帮助是来自记忆。每种记忆都代表了某些值得他／她回忆的事，即使其能想起的事微乎其微。当他／她回忆时，这些事能够被想起，即意味着它在他／她生活中所占的分量——"这是应该期待之物"，或"这是应该躲避之物"，或"这就是生活"！我们必须再强调：经验本身并不如存于记忆中而被凝结成生活意义的经验来得重要。每件记忆都是值得纪念之物。

对于表明个人对待生活的特殊方式已存在多久，以及在指出最先构成其生活态度的环境等方面，儿童早期的回忆是特别有用的。最早的记忆之所以重要，有两个原因。第一，个人对自身和环境的基本估计均包含于其中，它是个人将他／她的外貌、他／她对自己最初的整个概念，以及别人对他／她的要求等等第一次综合起来的结果。其次，它是个人主观的起点，也是他／她为自己所做记录的开始。因此，从中我们经常可以发现：他／她觉得自己所处的脆弱和不安全的地位，以及被他／她当作理想的强壮和安全的目标这两者之间的对比。至于被个人当作最早记忆的是否确实为他／她所能记起的第一件事，或是否为真实事情的回忆，对心理学的目的而言，则是无关紧要的。记忆的重要性，在于它们被"当作"何物、对它们的解释，以及它们对现在及未来生活的影响。

阿德勒：这样和世界相处

在此，我们可以举几个最初记忆的例子，并了解它们所造成的"生活意义"。"咖啡壶掉在桌子上，把我烫伤了。"这就是生活！当我们发现以这种方式开始其自述的女孩子总是无法摆脱孤独无助之感，并且高估了生活中的危险与困难时，我们不必讶异。假使她在心中责备别人没有照顾好她，我们也不用惊奇。因为必定有某些人非常粗心大意，才会让这么幼小的孩子遭受如此大的危险！在另一个最初记忆中，也呈现出类似的世界影像："我记得我3岁的时候，曾经从婴孩车上摔下来。"随着这种最初记忆，他反复做着这样的梦："世界末日已到。我在午夜醒来，发现天空被火照得通红。星辰都纷纷往下坠。我们也将和另一个星球相撞。可是，在撞毁之前，我醒过来了。"当这个学生被问是否惧怕何物时，他这样描述了自己的梦，并说："我怕我不能在生活中获得成功。"他的最初记忆和反复的噩梦足以使他恐惧，因而害怕失败和灾难。

一个由于夜尿以及和母亲不停地发生冲突，而被带到医院来的12岁男孩，他的最初记忆是"妈妈以为我丢失了。她非常害怕地跑到街上大声叫我，其实我一直藏在屋子里的一个橱柜中"。在这个记忆里，我们可以看到一种臆测：生活的意义是用找麻烦来博取注意，其获取安全感的方法就是欺骗。我虽然被忽视了，但是我却能愚弄别人。夜尿是他用来使自己成为别人担心和注意中心的一种方法。母亲对他所表现的焦虑和紧张，正加强了他对生活的这种解释。像前面的例子一样，这个孩子很早就得到一种印象，以为外在世界中的生活是充满危险的，他只在别人为他的行为担心时才觉得安全，也只有用这种方式，他才能向自己保证：当他需要保护时，别人就会来保护他。

有位35岁的妇女，她的最初记忆是这样的："3岁那年，有一次我独自走进地窖。当我在黑暗中走下楼梯时，比我稍大的堂兄也打开门，跟着我走下来。我被他吓了一大跳。"由这个记忆看来，她可能很不习惯和其他孩子一起游玩，尤其是不喜欢和异性在一起。对"她是单身女子"的猜测，结果被证实是正确的，因她已经35岁了，却依然尚未结婚。

下面的例子，可以看出社会感觉更进一步发展："我记得妈妈让我推载着小妹的娃娃车。"在这里，我们还可能看到某些征象显示：她只有和比自己弱小的人在一起才觉得自在，以及她对母亲的依赖。当新婴孩降生时，要得到年纪较长的孩子的合作,最好是让他们帮忙照顾新婴孩,使其对之产生兴趣,并分担保护的责任。如果得到了他们的合作,他们便不会把父母集中在娃娃身上的注意力当作对自己重要性的一种威胁。

想和别人在一起的欲望,并不一定是对别人真正有兴趣的证明。有一个女孩子在被问及最初记忆时,说道:"我和姐姐及两个女孩一起游玩。"在此,我们当然可以看出她正慢慢地学习和别人交际,可是,当她提起她最大的惧怕"别人都不理我"时,我们却能觉察到她的挣扎。从这里,我们还能看出她缺乏独立性的征象。

一旦我们发现并了解了生活的意义,我们即已握有了解整个人格的钥匙。曾经有人说,"人类的特征是无法改变的"。事实上,只有对那些未曾把握住打开此种困境之钥的人,这种说法才正确。我们说过,假使无法找出最初的错误,那么讨论或治疗也都没有效果,而改进的唯一方法在于训练他们更加注重合作及更有勇气地面对生活。合作也是我们拥有的防止神经病倾向发展的唯一保障,因此,儿童应该被鼓励及被训练学习合作之道。在日常工作及平常游戏中,他们也应该被允许在同龄儿童之间,找出自己的行为方式,对合作的任何妨碍都会导致最严重的后果。例如，只学会对自己有兴趣的被宠坏的孩子，很可能把对别人缺乏兴趣的态度带到学校。他／她对功课有兴趣，只是因为他／她认为这样做能换来老师的恩宠；他／她也只愿意听取对自己有利的事物。当他／她接近成年时，缺乏社会感觉对他／她的不利会变得愈来愈明显。在他／她的毛病开始发生时，其已经不再为责任感和独立性而训练自己了，而他／她本身的特质也已经不足以应付任何生活的考验了。

我们不能因为他／她的短处而责备之。当他／她开始尝到苦果时，我们只能帮助他／她并设法加以补救。我们不能期待一个没有上过地理课的孩子，在这门课的考卷上会答出好成绩；我们也不能期待一个未被训练以合作之道的孩子，在面临一个需要合作训练的工作之前，会有良好的表现。但是，每种生活问题的解决都需要合作的能力，而每种工作也都必须在人类社会的架构下，以能够增进人类福利的方式来予以执行，只有了解生活的意义在于奉献的人，才能够以勇气及较大的成功机会来克服困难。

如果老师、父母及心理学家都能了解赋予生活以某种意义时可能犯的错误，而他们自己也难免犯同样错误，

阿德勒：这样和世界相处
a de le
　　zhe yang he shi jie xiang chu

我们就能相信缺乏社会兴趣的儿童对他们自己的能力，对生活的机会，就会有较乐观的看法。当他们遇到问题时，他们就不会停止努力、找寻捷径、设法逃离、把肩上重担推给别人、口出怨言以博取关怀或同情，或觉得非常丢脸而自暴自弃，或问："生活有什么用处？它使我得到什么？"他们将会说："我们必须开拓自己的生活。这是我们的责任，我们也能够对付它。我们是自己行为的主宰。除旧布新的工作，舍我其谁！"假使每个独立自主的人，都能以这种合作的方式来对待其生活，那么我们将可以看到人类社会的进步必然是无止境的。

儿童人格教育

从心理学角度来讲，教育就是一种自我认识与自我指导。与成人教育相似，对儿童也是如此。两者之间的区别在于：与成人相比，由于儿童年幼，指导对他们就更加重要。如果愿意，我们完全可以撒手不管，放任儿童自己成长。而且，如果给他们两万年的时间，环境适宜，他们最终也许会养成适应现代文明的规范习惯。但我们明白，吾生有涯，这是不现实的，儿童的成长一定要得到成人的关注与指导。

成年人认识自己——特别是情感与爱憎方面——都已经很难了，况且我们要在对儿童的无知的情况下，去掌握并丰富这方面的知识进而指导他们，更是难上加难。

但是，我们知道人的发展有一个根本的事实，那就是人的心理总是充满着激情、意义的追求。儿童自出生之日起，就在不断追求发展，追求伟大、完善和优越的希望图景，这一图景是无意识的，却又无时不在。这种有目的的追求反映了人具有独特的思考和想象力，也控制了我们一生的举止行为，甚至决定我们的思维习惯。我们的思维不是独立、客观的，而是与我们在潜移默化中形成的生活方式和生活目标相一致。

人格的统一性

儿童的心理活动非常奇妙，其任何一方面，都能引人入胜，让人着迷。最为重要的是，如果我们想要理解儿童的某一特定行为，就必须先了解他整体的生活史。儿童的所有行为都是他整体生活和综合人格的展现，不了解行为中隐含的生活背景就无法理解他的所作所为。这一现象称为人格的统一性。

人格统一性的发展就是行动及其手段相协调成为单一模式的过程，这一发展是从童年开始的。生活迫使儿童整合并统一自己的反应，而他对不同场景的反应方式，不仅养成了他的性格，还使他的行为更加个性化，使其与其他儿童区别开来。

绝大多数的心理学派往往都忽视了人格的统一性——即使没有全部忽视，却也没有给以应有的重视。所以，这些心理学理论或精神病学实践经常孤立地看待某一特定的表达，好像它们是独立存在的。有时，这种表达被称为一种情结，认为它们可以从个体的其他活动中分离出来。这种做法就像从一个完整的旋律中提出一个音符，抛开其他音符而理解这一音符的意义，这一做法明显不妥，却又普遍存在。

个体心理学认为必须反对这种普遍流行的错误做法。特别是这种错误做法如果涉及儿童教育，危害巨大。这突出地表现在儿童惩罚的理论中，如果儿童做了要被惩罚的事情，会怎么样呢？虽然人们会考虑儿童人格的总体印象，但惩罚对儿童而言总是弊大于利的。因为儿童如果经常犯某一错误，教师或者家长就会先入为主地认为他屡教不改。而如果儿童的其他方面表现很好，人们往往会因为这一总体的好印象而不会严厉惩罚他。但是这两种情况都没有触及问题的本质，也就是没有在全面理解儿童人格统一性的基础上探讨为何会发生这一错误，这就像脱离整个旋律孤立地理解单一音符的含义。

阿德勒：这样和世界相处

如果我们问一个儿童：为什么懒惰？不要期待他能意识到我们是想知道问题的根本原因。同样，我们也不要期望一个儿童告诉我们：为什么撒谎。几千年前，深谙人性的古希腊哲学家苏格拉底就告诫我们：认识自己太难啦！所以，我们怎能期待一个儿童回答如此复杂的问题呢？即使对心理学家来说，回答这些问题也是很勉强的。了解个体某一行为所表达意义的前提是，我们要有方法去认识他的整体人格。这个方法不是去描述儿童做了什么或者如何去做，而是要理解儿童在面对任务时所采取的态度。

下面这个例子将会证明了解儿童整体生活背景的重要性。

一个13岁的男孩有两个妹妹。5岁前，他是家里唯一的孩子，生活快乐美好。那时他的妹妹还没有出生，周围的每个人都乐于满足他的任何需求。他的父亲是个军官，经常不在家。他的母亲聪明善良，特别宠爱他，总是试图满足这个依赖而又固执的儿子的每一个心血来潮的要求。不过，当他表现得没有教养或者有胁迫性的态度或者行为时，母亲就会生气，母子关系便会紧张。这主要表现在儿子总是想支配母亲，发号施令，也就是说他总是以各种无礼的方式希望引起他人注意。

虽然这个孩子给母亲带来了不少麻烦，但他的本性不坏，所以母亲还是依从他的无礼，仍然帮他整理衣服，辅导功课。孩子相信母亲总会帮他解决一切困难。毋庸置疑，他很聪明，也和其他孩子一样受到了良好教育。直到8岁，他在小学的成绩也一直不错。而也就这时候，他发生了一些很显著的变化，以致父母都无法忍受。他自暴自弃，心不在焉，懒散拖沓，一旦母亲不满足他的要求，他就揪扯母亲的头发，拧母亲的耳朵，掰母亲的手指，不让她有片刻安宁。他拒绝改正自己的行为方式，随着妹妹的长大，他更是无以复加，妹妹也很快成为他的捉弄对象。虽然他不会伤害妹妹，但他的嫉妒心很明显。他的这些恶劣行为源于妹妹的出生，因为从那时起，妹妹成了家里的新关注焦点。

需要强调的是，当一个孩子的行为开始变得糟糕，或者出现令人不快的情况时，我们不仅要注意这种行为开始出现的时间，还要注意其产生的原因。使用"原因"一词时应该谨慎，因为我们一般不会意识到是妹妹的出生导致哥哥成为问题儿童，但这种情况却经常发生，问题在于哥哥对妹妹出生这件事所持有的态度不对。当然，

阿德勒：这样和世界相处

这不是严格意义上的物理学的因果关系，因此我们不能断定一个孩子之所以变得如此糟糕与另一个孩子的出生有着必然的因果关系，但我们可以说，落向地面的石头，必然会以一定的方向和速度下落。个体心理学所做的研究使我们有权宣布，在心理"下落"方面，并没有严格意义上的因果关系，那些不时产生的大大小小的错误都在发挥作用，而且还可能影响个体未来的成长。

人的心理发展过程无疑会犯错，而且这些错误与其结果密切相关，从而导致了个体错误的行为或者错误的人生取向。导致问题的根源在于心理目标的确定：因为心理目标的确定与判断相关，而一旦涉及判断，就有犯错的可能。通常情况下，儿童在两三岁就为自己确定了追求的目标。这个目标总是在指引他，激励他以自己的方式去追求。错误目标的确定往往由于错误的判断。目标一旦确定就很难改变，它会不同程度地约束或者控制儿童。儿童会以自己的行动去落实目标，调整自身的生活，竭尽所能去追求和实现这一目标。

所以，儿童对个性的理解决定着他的成长，认识到这一点很重要。当儿童陷入新的困境时，他的行为往往受制于已经形成的错误观念，认识到这一点也很重要。

正如我们所了解的，儿童获取印象的强度与方式，并不取决于客观的事实或者情况（比如另一个孩子的出生），而取决于儿童看待和判断事实或情境的方式。这是反驳严格因果论的充分证据：客观事实及其绝对含义之间存在必然的联系，但是客观事实和对事实错误看法之间并不存在这种必然联系。

我们的心理最奇妙的地方在于：决定我们行动方向的，不是事实本身，而是我们对事实的看法。这种心理特别重要，因为对事实的看法是我们行动的基础，也是我们人格构建的基础。

恺撒刚登陆埃及时的一个经典话语，可以说明人的主观看法如何影响行动。

恺撒上岸时，被绊倒在地。这在当时被认为是不祥之兆。如果不是恺撒机智地张开双臂兴奋地喊道："你属于我了，非洲！"罗马士兵肯定就掉头返回了。

由此我们不难看出，现实自身的结构对我们行动所起的作用多么微小，现实对我们的影响又受到结构化和整合良好的人格的制约。同样道理，大众心理和理性的关系也是如此：如果在一个对大众心理有利的环境中出现了人的健康的理性常识，并不是说环境本身决定了大

阿德勒：这样和世界相处
a de le
zhe yang he shi jie xiang chu

众的心理和理性，而是体现了两者对环境自发的看法是一致的。通常，只有批判错误或荒谬的观点时，才会出现理性常识。

让我们回到小男孩的故事中。可以想象的是，小男孩会很快陷入困境之中。再没有人喜欢他，在学校也没有多少进步，依然我行我素，不断干扰别人，这就是他完整人格的展现。接着会怎么样呢？只要他骚扰别人，便会受到惩罚，会被记录在案，学校向他父母投诉。如果屡教不改，学校就会建议将孩子领回去，理由通常是他不适合学校生活。

对于这一解决方案，小男孩可能比谁都开心。他不会喜欢别的解决方案。他的行动模式的逻辑连贯性再次体现了他的态度。虽然这个态度是错误的，可是一旦形成，就不容易改变。他总想成为众人关注的焦点，这是他的根本性错误。如果他应为所犯的错误而受到惩罚，那就应该因想成为众人关注的焦点而受罚。正是这个错误，让他如同一位国君，拥有长达 8 年之久的绝对权力，直到王位被黜夺。在丢失王冠之前，他只为母亲而存在，母亲也只为他而存在。后来妹妹出生了，抢占了他在家庭中的位置，他拼命地想夺回自己的王位，这又是一个错误。不得不承认的是，他的本性不坏。只有在儿童面临毫无准备、无人指导的情况下，当他自己拼命去应付的时候，这种糟糕的情况才会出现。举个例子，一个只习惯于将注意力集中在自己身上的儿童，突然要面临一个完全相反的情境：他开始上学，而学校的老师对所有的孩子都是一视同仁的。如果他要求老师多关注自己，自然会引发老师的不满。对于一个娇生惯养、一开始还不那么糟糕、不是无可救药的儿童来说，这种情境显然很危险。

因此，这个男孩的个人生活方式与学校所要求和期待的生活方式之间的冲突，是很容易理解和解释的。儿童生活中的所有行为，都是由其自身的目的所决定的，他的整体人格不会让他偏离目的，但是，学校则期望每个孩子都能有正常的生活方式，两者之间的冲突无法避免。然而，学校却对这种情境下的儿童心理没有足够的重视，既没有体现管理上的宽容，也没有采取必要的措施去消除冲突的根源。

我们知道，这个男孩的行为受这样一种动机控制：他只想让母亲关注他自己，为他自己服务，他从内心里期望能够独占母亲。而学校的培养目标则恰恰相反：他

阿德勒：这样和世界相处
a de le
　　zhe yang he shi jie xiang chu

必须独立完成属于自己的任务，这就好比是给一匹烈马的脖子套上一辆马车。儿童在这种情况下，自然无法最好地表现自己。但是，如果我们当时了解他的真实处境，就会给他较多的理解和支持。惩罚没有意义，并且只能加剧他对学校的厌恶。而被学校开除，也就正中其下怀。此时的他已经陷入错误的感知陷阱，反而觉得自己胜利了，他真正地控制了母亲：母亲必须重新为他效力，这正是他所期待的。

如果我们明白真正的情形，就不得不承认对孩子的错误予以惩罚，几乎没有任何意义。例如，孩子上学忘记带课本，他知道无论忘记了什么，母亲都会为他操心的。这绝不是孤立的行为，而是其总体人格的一部分。如果我们明白，一个人人格的所有表现都是密切相关并形成一个整体，我们就会意识到，这个小男孩的行为完全是与其生活方式相一致的。孩子行为与其人格保持一致的事实也从逻辑上反驳了这样一种假设，即孩子无法胜任学校的任务，是因为智力迟钝。一个智力迟钝的人无法按照自己的生活方式行事。

这个案例还说明，在一定程度上，所有人都与这个男孩的处境相似。我们的生活方式以及对生活的理解从来就没有与社会传统完全保持一致。我们曾认为社会传统神圣而不可侵犯。现在我们知道，人类的社会制度和风俗并没有那么神圣，也不是不可改变的。与此相反，它们是处在一个不断的发展变化过程之中的，其推动力就是个体的斗争和抗争。社会制度和习俗为个体而存在，而不是相反。虽然个体的救赎存在于其社会意识之中，但并不意味着我们可以强迫个体接受千篇一律的社会模式。

　　对个体与社会关系之间的思考是个体心理学的基础，这对学校和学校中难以适应的学生的处理有着特殊的意义。学校必须学会把儿童看作一个具有整体人格的个体，一块尚待雕饰的璞玉，而且必须学会用心理学知识对特定的行为进行评价和判断。学校不能把特定的行为视为孤立的音符，而是要将其当作整个乐章的组成部分，也就是整个人格的组成部分。

优越感的教育意义

人性的重要心理事实除了人格的统一性,还有一个就是对优越感和成功的追求,这种追求与自卑感有着直接的联系。如果不感到自卑,或者处于下游,就不会激发超越当下的意愿。优越感与自卑感是同一心理现象的两面。我们将在此讨论追求优越及其对教育的意义。

你可能会问,追求优越是不是与本能一样都是与生俱来的。这是一个不大可能成立的假想。我们虽然不认为追求优越是与生俱来的,却承认追求优越需要一定的生物基础,这个基础就存在于胚胎之中,并有一定的发展可能性。

正如我们知道的，在任何环境下，儿童与成人都有追求优越的强烈冲动，并且不可泯灭。人的本性无法长期忍受低下、屈从的感觉，不安全感和自卑感总是会唤醒人们攀登更高一级目标的愿望来获得补偿，从而臻于完美。

实验表明，儿童的某些特征是环境力量造成的。环境导致儿童的自卑、脆弱和不安全之后，这种感觉又反过来刺激儿童的心理。儿童会想方设法摆脱这种状态，努力达到更好的水平，以获取平等甚至是优越感。这种努力向上的感觉越强烈，自己的目标也就变得越高，以此来证明自己的能力，但是这些目标往往超出人的能力范围。因为儿童小时候常常受到各种照顾，这就让他们幻想自己成为上帝式的全能人物。儿童也会被这种类似上帝的人物的想法所控制，这种情况一般会发生在自我感觉尤其脆弱的孩子身上。

有这样一个案例：一个14岁的孩子心理问题非常严重。在被要求回忆童年的印象时，他记得在6岁的时候，因为不会吹口哨而非常难过。但是有一天，当他走出家门的时候，突然就吹响了。他特别吃惊，并相信这是上帝附身的结果。这清晰地表明：脆弱感和想象自己是上帝式的人物之间有着密切的联系。

这种渴望优越感与明显的性格特征联系在一起。观察孩子的渴望程度可以洞悉这个孩子的全部野心。当自我肯定的欲望特别强烈时，这个孩子就很容易产生嫉妒情绪。这种类型的孩子很容易有这样的心理，就是希望他的对手遭受厄运，这甚至导致他神经方面的疾病，诱使他做出伤害别人的行为，严重的还会暴露犯罪的倾向。这种孩子会无中生有地造谣中伤、谩骂羞辱他人，并抬高自己。尤其是有人在场看着他的时候，他不许别人超过自己，所以不管是抬高自己还是贬低别人都不重要。当这种权力的欲望过于强烈时，他还会出现恶毒和报复心理。这类孩子在平时总表现出好斗和挑衅的态度，他们会目露凶光，突然发怒，好像随时准备与人打架。对于强烈渴望拥有优越感的孩子来说，参加公平考试是一件极其痛苦的事，因为这可能会轻松地暴露出他们自己的实际价值。

这也表明，考试一定要适应孩子的心理特征。考试对孩子来说，并不意味着相同的事情。我们经常发现，有些孩子十分惧怕考试，一旦要考试，脸色就会由红转白，说话也不利落，身体发抖，又羞又怕，大脑一片空白。有些孩子无法独自回答问题，只能和别人一起回答，因为他们害怕别人看着他们。此外，孩子在游戏中也会表现出优越的心理。比如，在玩赶马车的游戏时，强烈追求优越感的孩子不会愿意扮演马匹，而是去扮演车夫，成为领导者，决定马车前进的方向。如果不能扮演这个角色，他就会以扰乱别人的游戏为乐。如果接二连三地受挫，他们就会因此气馁，丧失进取的勇气。以后遇到新的情境时，他们就会退缩不前。

那些雄心勃勃、没有气馁的孩子，喜欢参与各种竞争性游戏。在遇到挫折时，他们也会表现出惊恐与不知所措。从孩子喜欢的游戏、故事和历史人物中可以了解孩子自我肯定的方向和程度。我们甚至看到不少成年人推崇拿破仑，因为对雄心勃勃的人来说，拿破仑是最合适不过的偶像。整天做着妄自尊大的白日梦的人，往往显示着强烈的自卑感，这种心理刺激失望的人逃离现实，去别处寻找精神上的满足。类似的情况也出现在人们的梦境中。

儿童追求优越的方向并不相同，我们据此可以将其分为几类。当然这种分法不是那么精确，因为儿童在追求优越方面的差异很大，这主要是由于儿童对自己的信心不同。心理健康的儿童会将这种心理转化为积极向上的能力，他们注重整洁和秩序，发展成为心理健全的学生。但是，经验告诉我们，这种情况只是少数。

另外，一些儿童总想优于他人，将这个当作自己努力的首要目标，甚至展现出令人诧异的执着。一般情况下，我们习惯将雄心当作优点，并鼓励儿童努力。这其实是不对的。因为过分的雄心会妨碍儿童的正常发展，给儿童带来过大的心理压力。这样一来，孩子会将大量的时间花费在书本上而忽视其他活动。由于雄心的膨胀，这种儿童常常会回避其他问题，一门心思放在追求考试名次上。这自然是不值得提倡的，因为在这种状态下儿童的身心是不可能健康发展的。

这种儿童将目标局限于超越别人，并以此安排自己的生活，这对他们的正常发展很不利。此时，我们需要不时提醒他们不要在书本上花费太多时间，而是要经常出去活动，呼吸新鲜空气，多找伙伴玩耍，关心周围的事情。当然，这类儿童也不是大多数，但这种情况却经常出现。

此外，还会出现一种情况就是，同一个班级的两个学生暗中较劲。通过仔细观察，我们不难看出，他们有

阿德勒：这样和世界相处

着令人不太喜欢的性格特征，他们表现出复杂的羡慕、嫉妒的性格，而拥有独立和谐人格的学生则不会这样——看到其他学生的成功，会感到愤怒；被其他人超越，会有诸如神经性头痛、胃痛等症状；当其他学生受到表扬时，他们会气愤地离开；而且，他们从来不会赞赏别人——但是这并未充分表现出这类学生的过分雄心。

这种学生无法和伙伴友好相处，他们在每件事上都想扮演领导的角色，而不愿意遵守游戏规则，因此他们很难在集体活动中感受到乐趣。他们以高傲的态度对待同班同学，与同学相处让他们感觉不快，因为在其观念中，与同学接触越多，他们的地位就越不安全。这种类型的学生缺乏自信，当感到自己身处不安全环境时，他们就容易乱了方寸，不知如何是好，别人对他们的期待和他们对自己的期待常常让他们不堪重负。

这些孩子会敏锐地感受到家庭对他们的期待。对于要求完成的任务，他们总是满怀激情地好好完成，因为他们总想超过别人，成为令人瞩目的人物。他们喜欢背负希望的重担，只要有这样的环境，他们就很高兴地负重而行。

如果人们掌握了绝对真理，找到可以让孩子不被上面的那些困难打倒的完美方法，那就可能不会再出现问题儿童了。既然我们找不到这一方法，孩子成长的条件又不是尽善尽美，那么对孩子过分热切的期待就成为一件十分危险的事情。面对同样的困难，他们的感受肯定与其他孩子不同。我此处所谈到的困难是我们无法避免的困难，让孩子远离这些困难是不现实的。这也暴露出我们目前教育方法的局限性：我们的方法并不适合每个孩子，我们需要不断地寻求改进。正因为如此，孩子过分的雄心会摧毁他们的信心，孩子将会失去克服困难的勇气，而勇气则是解决困难所必需的。

雄心勃勃的孩子只关心最终结果，即人们承认他们的成绩。如果没有别人的认可，就不能使他们满足。正如我们所知道的，很多情况下，面对问题，保持心态的平衡远比认真解决问题更为重要，但是一个只注重结果的雄心勃勃的孩子是不会意识到这一点的。缺乏别人认可和崇拜的生活，是无法忍受的，这样的例子不少。

我们从器官有缺陷的孩子身上可以看到，保持心理的平衡是多么重要，这种例子俯拾即是。大部分孩子身体的左半部比右半部发育得更好，这是通常不为人所熟知的。尤其是在右撇子为主导的文化氛围中，左利手的孩子会遭受更多的困难。我们发现，左利手的孩子在书写、阅读和绘画方面都非常困难。而右手的动手能力更加不灵活，就像他们都是左手一样。只需一个简单的方法，就能辨别孩子是不是左利手。这种方法就是让孩子双手交叉叠起。通常情况下，左利手的孩子会把左大拇指放在右大拇指上面。通过实验我们发现，大部分人都是天生的左利手，但很少有人知道这一点。

　　调查左利手儿童以往的生活，就会发现这样的事实：这些儿童常常被看作笨拙的人（这在我们这个以右手为主的世界中并不新奇）。如果想体会这种感受，只需要想象一下习惯靠右道行驶的我们在一个左道行驶的城市（英国或阿根廷）开车穿越马路的手足无措就知道了。而左利手儿童面对的情况会更糟糕。当家里所有人都用右手，他用左手不仅自己会遇到很多困难，还会干扰家人生活。在学校里，他写字要比其他人慢很多。但没有人意识到他写字慢的真正原因，他也因此而受到责罚，得到糟糕的分数。一旦遇到这种情况，左利手儿童会觉得自己在某些方面不如别人，从而感到不公、低人一等，甚至无法与人竞争。在家里他往往也会因动作笨拙而被家人埋怨，这就更让他自卑。

当然，左利手的儿童不一定会因此一蹶不振，但不少儿童会因此而放弃。他们不了解自己的真实处境，也没有人帮他们解决这些问题，所以坚持不懈的努力会变得很难。很多人写字潦草难以辨认，即与此有关——他们没有充分训练自己的右手。实际上，这个困难可以克服，许多一流的艺术家、画家和雕塑家天生都是左利手，但是他们通过刻意训练，右手也和其他人一样熟练了。

有一种说法认为，天生的左利手如果刻意训练的话，说话就会结巴，这种说法很不科学，之所以会这样是因为左利手儿童要面对的困难很多，以致丧失了说话的勇气，这也解释了为什么有心理疾病的人（神经症患者、自杀者、罪犯、性变态）中有相当数量的左利手。但我们也发现，克服左利手习惯的人，也同样取得了很大的人生成就，尤其是在艺术领域中。

虽然谈论左利手本身似乎没有多大意义，但我们可以从中发现：如果孩子拥有足够的勇气和毅力，那么我们就能判断孩子所具有的潜能。我们一般只是吓唬他们，夺走他们对美好前景的希望，这样的孩子当然也能生存下去。但如果我们能给他们鼓励，他们就可能取得更大的成功。

左利手的例子给我们提供了一个重要的现实意义：我们必须锤炼孩子面对困难的信心和勇气，否则我们就无法推断他们的真正能力。如果他们得到鼓励，就将获得更多更大的成就，但是如果我们吓唬他们，夺走他们对美好未来的憧憬，那么他们也只是看上去在继续生活而已，其结果已经不是我们所期待的那样了。

怀有雄心的孩子的处境格外艰难，因为人们习惯上会用所谓的成功的标准来衡量他们，而不是根据他们克服困难的能力来评价他们。如今，人们更在乎那些表面上的成就，而忽略了他们是否受到全面、彻底的教育培养。我们知道，那种不经努力就获得的成功很容易失去，所以培养孩子的勃勃野心意义并不大。相反，培养孩子的勇敢、坚韧、自信则显得尤为重要。要让孩子意识到：困难面前绝不能退缩，要将遭遇的挫折当作需要去解决的新问题。当然，教师如果能及时判断孩子在哪个领域更有希望，他的努力会不会有进一步的成效，相比之下，这对孩子的成长帮助更大。

孩子对优越感的追求会体现在某一方面的性格上，比如，争强好胜的孩子对优越感的渴望更强烈。不过，超越那些已经远远走在他们之前的其他孩子，似乎是不可能的，因此，这些争强好胜的孩子往往会选择放弃。而对于缺乏雄心的孩子，不少老师往往采取十分严厉的措施，给他们很低的分数，希望能以此唤醒他们。如果学生真的有此勇气的话，这种方法确实会奏效。不过这一方法不值得普遍提倡，尤其是那些成绩倒数的孩子，会被这种方法吓得无所适从，甚至变得更加愚笨。

如果老师能以温和、关心和理解的方式来对待孩子，他们会表现出意想不到的能力。通过这种教育培养出来的孩子会表现出更大的雄心，因为他们非常害怕再回到之前的状态。过去的无所作为成为他们的警示，让他们明白，自己只能前进不能后退。以至于在后来的日常生活中，不少人就像着了魔一样，完全成了另一个人，他们夜以继日、废寝忘食地工作，却始终以为自己做得不够。

个体心理学的基本思想就是个体的人格（包括成人和小孩）是一个完整的统一体，这种人格的行为表现和个体逐渐形成的行为表现保持一致。由此，一切就变得清晰了。脱离这个人的人格来判断他的某一行为是没有意义的，因为每个人的行为都可以从不同的方面来阐释。如果我们清楚了某个学生的某一特定行为，例如将上学

阿德勒：这样和世界相处
a de le
　　zhe yang he shi jie xiang chu

拖延理解为他对学校布置的任务做出的必然的反应，那么对这一行为进行判断的困难就不存在了。学生之所以出现这种反应，只是意味着他不想去上学、不想去完成学校的任务，所以他就会想尽一切办法不服从学校的要求。

从这种观点出发，那些所谓的坏孩子不想去上学的原因，就很好理解了。他们不想去上学，是因为他们没有将对优越感的追求转化为遵守学校的要求，反而转化为对学校的抗拒。于是，他们表现出一系列的行为特征，从而陷入不思进取的退步境地。他们逐渐喜欢成为小丑，甚至捣蛋分子，以此引人发笑，或者还会招惹同学、旷课逃学、与不三不四的人来往。

所以，教师不仅掌握着学生的命运，还决定着他们未来的发展，学校教育对一个人的发展起着至关重要的作用，学校在家庭和社会之间，起着桥梁的作用，既可以弥补家庭教育的不足，还可以帮孩子进入社会做好准备，确保他们更好地融入社会。

从历史的角度来看学校的作用，学校总是按照每个时代的社会理想来教育和塑造人才，为贵族、宗教、资产阶级（即中产阶级）和平民服务，也总是依靠特定的时代统治者的要求来教育孩子。如今，学校也应该为顺应时代发展潮流而做出相应的改变。所以，如果当今社会的理想人才是拥有独立人格、自控力强、富有勇气的人的话，那么学校就必须做出相应调整，培养这一类型的人才。

换言之，学校不能以自己为中心。学校必须明白，学校教育是为了社会而不是学校本身，所以学校不能放弃任何一个学生。有心理缺陷的孩子追求优越感的心理并不差，只不过他们的注意力放在了不该放的事情上而已。他们总是将注意力放在容易的事情上，因为这可以给他们带来成就感，不管对还是错，可能他们都在这些领域有意无意地下过功夫，所以他们即使不能在数学方面有突出的表现，却可以成为运动健将。因此，教师切不可忽视这些孩子的成就，而是要利用他们这方面的长处为突破口，鼓励他们在其他领域也取得同样的好成绩。这样，教师的工作就会变得很轻松，就像将孩子从一个硕果累累的花园引领到另一个硕果累累的花园。既然所有的孩子（智力障碍儿童除外）都有取得成功的能力，学校所应做的就是克服那些人为设置的障碍，这种人为的障碍让学生缺乏足够的自信，为追求单一的优越感而放弃从事有益的活动，因为这些活动很难让他们得到优越感。

在这种情况下，孩子通常会怎么做呢？选择逃避。我们经常看到他们做出一些很特别的行为，比如顽固、无礼等。虽然这些行为得不到教师的表扬，却能够吸引教师的注意和其他孩子的崇拜，他们因此而获得心理上的满足，认为自己很了不起。

通常，这种心理表现和偏离规范的行为都是在学校里暴露出来的。而实际上，它们的根源不在学校，从积极意义上说，学校对这些问题有教育和矫正的任务；从消极方面说，因为孩子早期的家庭教育存在不足，所以这些不足在学校这个场所暴露无遗。

一个称职的教师在孩子入学第一天就能观察到很多东西。很多孩子会暴露出被溺爱的迹象，新环境给他们带来的是痛苦。这种孩子缺乏与人打交道的经验，也不想或不愿意获得友谊。所以，孩子在入学之前，最好能够拥有一些与人打交道的基本常识。我们不能让孩子只依赖于某一个人，而排斥其他所有人。这类孩子的弊端最好在学校里得到纠正。当然，没有这类问题最好。

我们并不期望一个被溺爱的孩子在入学之初就能适

应新环境，专注学习。他们更愿意待在家里，他们根本没有学校意识。这种迹象很容易看出来，比如每天早上都要哄他们起床，不断催促他们刷牙洗脸吃早饭。也就是说，孩子已经给自己的进步设置了不可逾越的障碍。

这个问题的解决方案和左利手的问题一样：我们必须给他们足够的时间去改变。如果他们上学迟到，不能严厉地惩罚他们，否则会适得其反，让他们更讨厌学校，认为自己不属于学校，他们会找各种办法来应对上学，而不是面对或解决困难。我们可以从孩子的每个动作中判断他们是否厌学：他们的书本总是东一本、西一本，不是忘记这一本，就是丢了那一本。如果孩子习惯性地忘记或丢失书本，可以肯定他们的学校生活并不如意。

进一步观察则会发现，这类孩子没有信心获得哪怕是最微小的进步。这种严重的自卑心理并不全是他们自己的责任，周围环境加强了他们的这个环境。家人在气愤时，可能会说他们不思进取之类的话，责备他们愚笨无知，而他们在学校的经历，似乎在不断证实这些所谓的预言。孩子自己还没有判断和分析自己的错误的能力（他们的父母长辈也往往如此），以致他们还没努力就已经放弃了。他们把这当作不可逾越的障碍，并将其视

阿德勒：这样和世界相处
a de le
zhe yang he shi jie xiang chu

为自己不如别人的证据。

问题一旦出现，矫正的概率就会很小，虽然很努力，却还是落后，他们很快就会放弃努力，并将自己的聪明用在如何寻找借口上——特别是旷课。旷课是一种非常恶劣的行为，是一个孩子堕落的开始，要受到严厉的惩罚。孩子会认为自己是被迫用计策去蒙骗老师和父母，他们会在错误的道路上越走越远，他们会伪造家长笔迹签名，篡改成绩单，编造在学校里的谎言，而实际上他们已经逃课很久了。即使在学校里，他们也会去找自己的藏身之处，在这些地方，他们碰到的都是逃学的学生。逐渐地，逃学已经不能满足他们追求优越感的心理。他们就会用新的行动来证明自己——违法乱纪。他们的错误越来越多，最终走上犯罪之路，但他们却觉得自己长大成人了。

一旦迈出了这一步，他们就会用各种方法去满足自己日益膨胀的野心。只要不被发现，他们就会做出更大胆的事来。他们之所以一意孤行地在这条路上走下去，是因为他们相信没有什么更能刺激他们的野心了。他们不认为自己在其他方面可以取得成功，他们不会去考虑做些有意义的事情，不断膨胀的野心驱使他们做出新的违法犯罪行为。由此我们就可以发现，一个有犯罪倾向的孩子同时也是极其自负的。这一自负和野心的根源一样，他们刺激孩子以各种方式显示自己——既然不能在积极方面找到自己的位置，他们就只能选择在消极方面发展。

有这样一个案例，一个男孩杀死了一名教师。分析这个案例，不难发现这个孩子具有上述所有性格特征。这个男孩的班主任是位女教师，她认为自己很称职，这个小男孩从小就受到悉心照料，缺乏自信，好高骛远，却没有做成任何事情。他对自己完全失去了信心，家庭和学校都无法满足他的自我期待，他便走上违法犯罪的道路，以此来摆脱学校和教师的控制——因为目前还没有教育犯罪的孩子的机构，也就是矫正青少年心理缺陷的机构。

从事与教育相关工作的人会发现一个奇特的事实：在老师、神父、医生与律师的家庭里，这种任性的孩子格外多。这种情况不仅发生在教育者的家中，在那些声望很高的权威家里也经常出现。他们好像没有能力管教自己的孩子，无法给家庭带来和平与安宁。之所以会出现这种情况，可能是在这些家庭里，一些重要的观点不

阿德勒：这样和世界相处

是被忽视了，就是没有被理解。其中部分原因是，作为教育工作者的父母运用自己的权威将一些苛刻的规则强加给孩子，他们苛责孩子，甚至影响到孩子的独立性。日积月累，便很容易让孩子产生强烈的逆反心理，驱使孩子进行反抗和报复。需要记住的是，刻意的教育会使父母过度地关注他们的孩子，很多情况下，这种做法是好的，但是造成的后果却是孩子成为别人关注的中心，他们认为自己只不过是一件用来展示的试验品，自己的所有一切都是由他人来决定，其他人必须为他们克服任何困难，而他们自己却不用负任何责任。

寻求优越感的指引

每个孩子都在追求优越感,因此,父母或教师需要引导孩子向有益的方向发展,并确保这种追求带来的是精神健康和幸福,而不是心理疾病和不幸。

如何才能做到这一点呢?区分有益还是无益的基础是什么呢?答案就是要符合社会公众的利益。很难想象哪些有价值的东西与社会无关,那些我们认为高尚、尊贵的行为,不但对行为者本身有价值,对大众更是如此。因此,我们要培养孩子的社会情感,培养孩子认识与社会一致的意义。

不明白什么是社会情感的孩子很可能会成为问题儿

阿德勒：这样和世界相处
a de le
zhe yang he shi jie xiang chu

童，因为他们对优越感的追求偏离了对社会有益的方向。

那么，什么才是对社会有益的行为？见仁见智。但可以肯定的一点是，正如我们通过一棵树所结的果实来判断这棵树一样，我们可以从某一行为的结果来判断其是否对社会有益，即要将时间与结果考虑在内。一种行为一定要与社会的逻辑相契合，而且要显示出对社会需要有什么关联。事物的普遍结果是对行为进行价值判断的标准。日常生活中，我们不经常利用这一标准进行判断，例如社会变革、社会变迁，总是饱受争议。但是在民族生活与个人生活中，行为的结果会显示有益或无益。从科学的角度而言，我们无法判断某种行为的结果是否适合所有人，因为这涉及绝对真理和人生问题的正确解决，人生问题还要受到地球、宇宙以及人的关系的逻辑的制约。这种客观宇宙和人类宇宙的制约就如同一道难解的数学题，我们对其束手无策，而答案就在问题之中。我们根据问题和问题出现的背景，去找出答案。遗憾的是，检验答案的时机总是来得很迟，我们根本没有时间去纠正已经犯下的错误。

因为不少人无法以一种客观和逻辑的观点来审视自己的生活构成，所以就不会理解自己的行为模式之间的关联性和一致性，这导致一旦遇到问题，就会慌成一团，找不到解决问题的方法，反而会认为是因为自己的选择错了才会出现如此问题。所以要记住，如果孩子偏离了对社会有益的方向，他们将无法从消极的生活中吸收有益的教训，因为他们完全不了解问题的意义。父母和教师有必要告诉孩子，生活不是毫不关联的事的组合，而是贯穿始终的、有关联的、连续的发展轨迹。人的生命中的任何事件的发生都是与其整个生命的背景密切相关的，只有与之前发生的事情相联系才能找到合理的解释。只有清楚了这一点，孩子才能明白自己偏离正轨的原因。

在对有益与无益的优越感进行探讨之前，我们先讨论一种似乎与我们的理论冲突的一种行为，这种行为就是懒惰。表面上看，懒惰似乎与每个孩子都在追求优越感的理论相矛盾。事实上，我们之所以责备孩子懒惰，是因为他们没有表现出进取心和勃勃雄心。但如果仔细观察，我们就会发现这种认识的错误。懒惰的孩子正在享受懒惰的好处，他们无须承担他人的期望，即使一无所成，也能得到人们的原谅。他们不需要多努力，只需要处处表现出懒散的样子。因为懒惰，他们成了众人关心的对象，最起码父母要为他们操心。想想看，有多少孩子为了引起他人的注意而不惜付出代价。清楚了这一点，我们就会明白孩子为什么会通过懒惰来达到引人注意的目的。

当然，这不是心理学对懒惰的完整解释。许多孩子使用懒惰作为缓解他们当下处境的一种手段。人们总是把他们的能力不足和无所成就归咎于懒惰，所以很少指责孩子能力不足。孩子的父母经常会说："如果不是懒惰，他什么都能干成。"孩子对大人的这种看法沾沾自喜，这为他们的信心不足找到了一个很好的借口。这种说法还成了成就的补偿，这对孩子和成人都是如此。这种富有欺骗性的句式——"如果不是懒惰，他什么都能干成"，抚平了他们的失败感。如果这个孩子真的做出点成绩，这点成就对他们而言就有了特殊的意义。这与他们之前的一无所成形成鲜明对比，他们也能因此获得一片赞扬之声。而其他一直努力的孩子虽然取得了更值得称道的成绩，所受到的赞扬却少得多。

因此，懒惰背后隐藏着一个鲜为人知的权谋之网。懒惰的孩子就像是走钢丝，下面张着保护网，即使失足掉下去，也不会受多少伤。相比其他孩子，人们对懒惰孩子的批评要温和得多，他们的自尊心也不会受到伤害。

简单地说，懒惰就是缺乏自信的人的一道屏障，这同时也阻碍了他们解决问题的能力。

回想一下目前的教育方式，这些方式正好满足了懒惰孩子的期待。人们越是责备孩子的懒惰，就越是让他自得。因为父母要整天为他操心，对他的唠叨转移了人们对他的能力方面的注意，这正是他想要的。学校的惩罚也是如此，所有的惩罚手段往往都是以失败而告终，最严厉的惩罚也不能让一个懒惰成性的孩子勤快起来。

如果这类孩子真的转变了，那也只是因为环境发生了变化。例如，他意外地在某一方面取得成功，或者原来严厉的老师换成了温和的老师，能够理解他，和他真诚地谈话，给他新的勇气。经过外部的刺激，孩子就会突然变得勤快。还有一种情况是，孩子在入学前几年学习一直停滞不前，但换了一个新的学校却变得勤奋好学，这就是因为环境改变了。

有些孩子不用懒惰，而是用装病来逃避学习；还有些孩子在考试时会异常紧张，他们希望老师能因为他们的紧张而予以特别的照顾；还有些爱哭的孩子也有着同样的心理，他们认为哭喊和神经紧张会帮助他们获取某些特权。

属于这种情况的孩子还有由于某种缺陷而要求关照的，比如说话结巴的孩子。经常与儿童打交道的人不难发现，几乎所有的孩子在刚说话的时候都有些结巴。孩子说话的快慢受多种因素影响，其中主要因素是孩子的社会情感发展程度。具有社会意识、愿意与人打交道的孩子语言能力发展得更快，更容易。有些场合里，孩子用不着说话，例如被过分保护和溺爱的孩子，他们还没来得及说出自己的想法，家人就满足了他们的要求。（聋哑儿童的情况除外）

有些孩子四五岁还不会说话，父母往往担心孩子是不是有聋哑病。但他们很快发现，孩子的听觉没问题，排除了聋哑的可能性。这些孩子其实就是生活在一个不需要说话的环境中。也就是说，大人将孩子所需要的一切都放在他面前，他根本就不需要开口说话，孩子说话迟也就不足为奇了，这也体现了孩子对优越感的追求以及他追求的方向。孩子需要说话来表达他的优越感，不管是让家人高兴，还是满足自己生活的需要。如果没有这两种需要，就可能是孩子的语言能力出现了问题。

一些孩子还有发音不准方面的缺陷。比如，有的孩子发不准 R、K、S 等辅音，这些语言缺陷都是可以纠正的。

奇怪的是，不少成人也有口吃、咬舌、吐字不清的问题。

大部分孩子随着成长，会改掉口吃的毛病，只有极少部分需要治疗，而治疗的过程也非常困难。有个13岁男孩的治疗案例。这个男孩8岁就开始接受治疗了。一年下来，并不见成效。接下来的一年就没有接受专业的治疗。后来，男孩的父母又请了一位医生治疗了一年，仍然无任何效果。第四年没有再治疗。第五年的头两个月，一位语言教育学家给这个男孩进行治疗，情况反而更糟，过了一段时间，男孩又被送到专业机构进行治疗，治疗了两个月，效果不错。可是六个月后，男孩口吃的问题又复发了。接着，父母又找到另外一位语言教育学家，给他治疗了8个月，情况不仅没有好转，反而加重了。后来他们又找了一位医生，还是不成功。不过在那个暑假，他的情况好转了。谁知，暑期一结束，他又变得结巴了。

这个男孩所接受的主要治疗方法就是大声朗读，放慢说话速度，做口头练习等。在一定程度的刺激下，他的情况会有短暂改进，但很快又会复发。这个男孩没有任何器官缺陷——虽然小时候曾从二楼摔下来，得过轻微脑震荡。

有位教过这个男孩一年的教师评价他"很有教养，勤奋，害羞，有点神经质"，并且法语和地理学习有困难，一考试就紧张。但他很喜欢体操和运动，以及技术性的活动；他没有表现出领导的潜质，但和大家相处融洽，有时候会与弟弟吵架。他是左利手，12岁的时候，他的左脸中过风。

关于男孩的家庭背景：他的父亲经商，脾气暴躁，只要男孩说话结巴，父亲就呵斥他。但男孩更怕他的妈妈，他觉得妈妈偏心，更疼爱弟弟。家里还有位家庭教师，他很少有自己的时间。

根据这些事实，我们可以得出以下结论：男孩害羞，说明他与人交往时会紧张，这与他的口吃习惯关系密切，即使是在他喜欢的老师面前也是如此。因为口吃的习惯已经在大脑中形成条件反射了，也就是说他将任何人都拒之门外了。

我们知道口吃的根源并非外在环境，而是他感知外在环境的方式。他的易怒和敏感有着重要的心理学意义，这表明他并不是被动的。他也渴望追求卓越，获得别人的认可，然而个性脆弱的人大都如此。他和弟弟吵架说明他灰心气馁，他考试紧张因为他害怕失败，他有着强烈的自卑感,正是这种自卑让他对优越感的追求偏离了方向。

这个男孩喜欢去学校,因为他在家里更不自由。他的弟弟是家里的关注焦点,他的身体受伤与他的口吃关系不大,但是这种经历却让他丧失了勇气。在家里因为弟弟,他受到冷落,这对他影响特别大。

另一件值得注意的事是,这个男孩 8 岁还尿床。通常这种状况会出现在先被溺爱后来不被关注的孩子身上。尿床是一个明确的信号,说明男孩想获得更多的关爱,无法接受被冷落的现实。

只要多鼓励,教他拥有独立的人格,他的口吃是完全可以治愈的——让他完成力所能及的事,从而恢复他的自信心。这个男孩承认弟弟的出生让他很不开心,所以我们要让他清楚,嫉妒心会让他误入歧途。

对于口吃,还有一些情况需要说明一下。比如,口吃者兴奋时会怎么样?不少口吃者在吵架时毫无口吃迹象。成人口吃者在背诵或恋爱时,说话也很正常。这就表明,口吃者与他人的关系如何是其是否口吃的一个关键因素。也就是说,口吃者必须与人接触,建立关系,才能逐渐缓解这一症状。

如果孩子学习语言时没有任何困难，人们就不会特别关注他。而一旦他在这方面出现问题时，他就成为家里的讨论焦点。这就让孩子也开始关注自己的说话，并且有意识地控制自己说话的方式，而正常说话的孩子却没有这样的情况。当人有意识地控制自己本来运用自如的器官时，反而会适得其反。梅林克的童话《癞蛤蟆的逃脱》就说明了这方面的问题。癞蛤蟆遇到长有一千只脚的动物，癞蛤蟆立刻赞美这只动物，并且问它："你能告诉我你走路的时候先迈哪只脚，又怎么先后迈其他的九百九十九只脚吗？"千足动物开始思考并且试着去移动自己的脚，结果却一步都迈不出去。

虽然口吃会影响孩子将来的发展，但是家庭的过度关注和同情，对孩子却是百害而无一利。许多人不是试着去改变现状，而是去找借口躲避，因为他们想用这种劣势去保持自己的优越感。

巴尔扎克的一个故事可以说明这点。有两个商人，他们都想占对方的便宜。在讨价还价的时候，一个商人突然变得结结巴巴，希望能通过口吃来赢得计算盈利的时间，结果另外一个商人识破了他的诡计，于是突然耳聋了，什么也听不见。口吃的商人不得不想尽一切办法让对方听明白，原本的优势成了劣势。最后双方打了平手。

尽管口吃者会利用这点来争取时间，但我们还是要友好地，而不能像对待犯人那样对待他们。我们要给他们鼓励和善意的启发，唯有如此，才能让他们完全康复。

进入全新的环境

个体的心理生活是相互联系的统一体,个体人格不论在横向还是纵向上都是紧密联系的。也就是说,人格在时间的发展上是连续的,不会出现突然性的跳跃。现在与将来的行为总是与过去的性格相一致的。但这并不意味着个体的一生总是由过去或遗传所决定的,也不意味着个体的未来与过去是分裂的。我们不可能一夜之间摆脱自我,从一个人变成另一个人。虽然我们不清楚自我是什么。换言之,只知道我们的能力和天赋完全表现出来时的状态,我们也不知道自己的潜能有多大。

正因为人格发展具有连续性(非机械决定论),从

阿德勒：这样和世界相处

而让教育改善人格成为可能，并且能测试出孩子在某一个时间段的性格发展状况。孩子在全新的处境中，隐藏状态下的性格特征就会显现出来。如果我们想测试个体的人格发展状况，就可以将其引入一个全新的环境中，以此来观察他们的人格状况，他们在新的环境中的行为必定与他们过去的性格相符合。

对小孩而言，他们处于上学或者家庭变故的转变期时，最容易显现自己的性格。在这种情况下，孩子性格的局限性就会特别清晰地凸显出来。就像放进清洗液的底片清晰地显现出图像一样。

我们曾有机会仔细观察一个被领养的孩子。他性格暴躁，行为让人捉摸不透，与我们交谈时，他总是答非所问。对他进行整体的了解后，我们认为这个孩子在养父母家里几个月了，却仍然保持着敌意，他并不喜欢养父母家。

我们只能得到如此结论。孩子的养父母并不认可我们的结论，他们认为自己对孩子很好。事实上也是如此，在这之前没有人这么好地对待该孩子。但问题的关键不是是否善待，经常有父母抱怨孩子难以管教："我们尝试了各种办法，软硬兼施，却一点作用也没有。"仅凭所谓的对孩子好是不够的。尽管有些孩子对父母的善意做出回应，也并不代表我们改变了他们。因为在孩子看来，他们所受到的善待只是暂时的，他们的处境并没有本质的改变。一旦这种善意没有了，他们还是会回到以前的环境中去。

这时，改善局面的关键是理解孩子的真实想法，而不是父母的一厢情愿。我们告诉养父母，孩子和他们在一起并没有感到幸福，其中一定发生过什么才导致他抱有如此大的敌意。我们对养父母指出，如果不能转变孩子的错误看法并得到他的爱，他们只能将孩子转交给他人收养，因为这个孩子会不断反抗他认为自己被囚禁的做法。后来，我们听说那个小男孩变得更加狂暴易怒，充满危险。对他温柔相待，或许会让他的情况好些，但还是没找到导致孩子出现这种问题的根源。随着了解的情况越来越多，我们找到了其中的原因。这个孩子和养父母的孩子生活在一起，他认为养父母更关心、爱护自己的孩子。这当然不是导致他脾气暴躁的根本原因，但是，他想离开这个家，所以只要能达到这一目的的事情在他看来都是正确的。如果考虑到这一点，这个孩子的所作所为就可以理解了。最后，养父母终于意识到，如果无法改变孩子的这个想法，就只能将他交给别人来抚养了。

如果孩子犯错后被惩罚，这种惩罚就会成为他继续犯错的最好理由，这恰好证实了反抗有理。我们得出这一观点是有充分的根据的。所有孩子的错误行为都可以解释为他与环境互动的结果，是他对无法预测的新环境的反应。这种错误似乎很幼稚，却是很正常的，即使是成人也往往会犯类似的错误。

目前，几乎还没有人研究人的行为举止和其他身体语言所蕴含的意义。教师得天独厚的条件，使他们能够对孩子的这些表现进行归纳总结，并研究他们之间的联系。需要注意的是，同样的表现形式在不同的情况下会有不同的意义，即使是同样的行为，在不同的孩子身上意义也不同。并且，同样是问题儿童，其外在的表现形式却是千差万别的，但是他们最终所要达到的目标却是一致的。

我们不能按照我们的常识去判断他们行为的正确与否，因为他们设定的目标有问题，才导致行为出现错误。追求有问题的目标，自然会导致错误的结果。虽然真理是唯一的，但人犯错的可能性和机会却非常多，这就是人的奇怪之处。

在学校，孩子的某些表达方式并不让人注意，但这些方式却可能表达出重要的意思，如睡姿。下面的这个例子就非常有趣。一个 15 岁的男孩，总是做这样的梦：当时的皇帝法兰西斯·约瑟夫死了，他的魂魄来到男孩的面前，命令他带领一支军队进攻俄罗斯。晚上，当我们走进男孩子的房间时，发现他的睡姿非常奇怪，如同拿破仑指挥军队的样子。第二天，我们再看见他的时候，发现他的动作姿态和他的睡姿很像。很明显，这个孩子在睡梦中和清醒时的动作是有关联的。我们试图让他明白，国王还活着，但他却不愿意相信。后来，我们得知，这个男孩在咖啡厅做服务生时，常常有人嘲笑他的身高。我们问他，谁走路和他比较相像呢？他想了一会儿说："我的老师，麦尔先生。"这就证实了我们的猜想，只要把矮个子的麦尔先生看成是矮个子的拿破仑，问题就解决了。关键是，这个孩子告诉我们，他希望能成为像麦尔先生那样的老师，他模仿麦尔先生所做的一切。总而言之，这个男孩的全部生活我们都能从这个姿势中得以窥见。

一个新环境就能测试出一个孩子是否准备充分，充满自信。如果孩子做好了充分的准备，他就能信心满满地迎接新环境。反之，如果他准备不充分，就会感到紧张，觉得自己没有办法适应新环境。这种不适应，很可能会影响孩子对新环境的判断，进而做出不准确的反应。但其实，这种反应并不符合环境对他的要求，因为这种反应不是以社会感情为基础的。简而言之，孩子在学校这个新环境中做出种种失败的行为，并不能只归因于学校教育体系，还可能是孩子没有做好应有的准备。

我们之所以研究新环境，不是因为它能让孩子变坏，而是在于它能暴露出孩子对新生活是否做好了准备。每一个新环境都能被看成是对孩子准备性的考验。

根据前面所说，我们再来讨论以下的几个问题。

比如，孩子的问题是什么时候出现的呢？我们可以立刻注意到是换了环境的时候。如果一个孩子的妈妈说，"孩子上学之前表现很好"，那么她实际上告诉了我们很多的信息，比她所知道的要多得多的信息：孩子对学校生活很不适应。但如果她说，"过去三年，孩子的表现一直不怎么好"，那这个回答就非常不充分，我们必须再深入了解这个孩子在三年前到底发生了什么变化，无论是他身体上的，还是环境上的。

孩子丧失自信心的表现，通常是不适应学校生活。

他在一开始遭受的失败，一般不会受到人们的重视，但是，它却是孩子的致命打击。我们要明白，如果孩子经常因为学习成绩不好而受到父母的打骂，那成绩不好和父母的责骂，将对他追求的优越感产生不利的影响。孩子会认为自己不会有出息，自暴自弃。再加上父母常常对他说"你什么事情都做不好""你长大了肯定要进监狱"，孩子会更加消极，从而彻底否定自己。

有一些孩子会因为失败而受到鼓励，但也有一些孩子会一蹶不振。对于那些失去信心的孩子，应该不断鼓励他们，更加温柔、耐心和宽容地对待他们。

如果孩子对生活准备得不充分，那么在他来到新环境之前，他是否就已经表现出了明显的迹象？对于这个问题，答案可以说是各种各样。"这个孩子太邋遢"，说明他的妈妈经常帮他整理做事；"他总是十分胆小害羞"，说明他对家庭依恋太深。如果把一个孩子形容为孱弱，那就可能意味着他有身体方面的问题。因为孱弱，他可以得到更多的溺爱；又或者他因为长得很丑而不被重视。存在这个问题，也可能意味着他的智商有一定问题。即使后来的情况有所好转，这些仍然会给这个孩子带来被宠爱和被限制的感觉，这种感觉会阻碍他进入一个新的环境。如果父母说孩子胆子很小，那我们就可以相信，这个孩子之所以会这样是为了得到别人的关注。

　　教师的主要职责是得到孩子的信任、赢得孩子的好感，以便培养孩子的勇气。如果一个孩子表现得很笨拙，教师就有必要了解他是否已经习惯用左手做事情；如果这个孩子的动作实在太笨拙，甚至到了过分的程度，那教师就有必要了解孩子是否对自己的性别有清醒的认识。那些长期生活在女性氛围比较浓厚的环境中的男孩，会倾向于和女孩玩耍。他们常常被当成女孩子，并因此遭受嘲笑。他们逐渐习惯女性角色，在以后也会经历相当激烈的心理冲突。这样的孩子会忽视男女之间器官上的差异，相信性别是可以改变的。但是事实上，最终他们会发现身体构造是根本无法改变的。为了弥补这一不足，他们便形成了异性心理特征：男孩有女孩的心理，女孩有男孩的心理，这些心理会在他们的行为举止、穿衣打扮上表现出来。

　　有些女孩非常讨厌女性职业，因为她们觉得这些工作没有什么价值，这其实是我们文化中存在失误的一种体现。现在有些职业依然排斥女性，男性拥有某些女性没有的特权，这种传统目前仍然存在。我们的文明显然对男性有利，在很长一段时间里，男孩在家庭中比女孩更受欢迎。但这无论是对男孩还是对女孩而言，都只能产生不利的影响。对女孩而言，自然从一出生就能感受到这样的歧视，受到自卑感的困扰，将来的发展也会受到限制；对男孩而言，则因为过高的期望而承担过多的心理压力。

在这里，我们将关注点集中在孩子身上，因为孩子的心理折射了整个人类的精神状态。对于女孩来说，完全地接受女性角色自然意味着面对重重困难，因此招致她们的反抗，这些反抗表现为桀骜不驯、固执倔强和行为懒散等。所有这些都和她们追求优越感的心理有关。当这种迹象出现在女孩身上时，教师就要检查一下她是不是对自己的性别感到不满。

这种对性别的不满，会扩散到生活的其他方面，这样一来，生活对她而言就变成了一种负担。有时候，我们会听到孩子说想去一个不分性别的星球生活。这种错误的观念可能会导致孩子各种荒谬的行为，如变得冷漠、犯罪，甚至自杀。如果大人不理解、不同情，反而对此进行严厉的惩罚，只会让孩子的不安全感越来越强。

如果上面这个孩子能得到慎重而自然的教育，让她从一开始就知道男女的区别,认可男女性别的平等,自然可以避免这种不幸的发生。在一个家庭中,父亲通常处于优势和主导地位,掌握着家里的财产权,制定内部规则,而母亲只能听从丈夫的指导,遵守他制定的规则。家里的男孩也试图向他们的姐妹显示自己的优越感,嘲讽、批评她们。女孩子们自然滋生出不满的情绪,为自己的女性性别而苦恼。心理学家认为,男孩子们的这种做法源自他们内心的虚弱感。看起来有本事和实际上有本事,是有很大区别的。那些认为女性迄今为止没有做出伟大业绩的看法是没有意义的,因为她们从来没有得到过这方面的培养。正如男人总是习惯将缝缝补补的活交给女性,还试图让她们相信这就是她们的本职工作。虽然现在这种情况有了一些改变,但直到今天,我们对女孩的教育仍没有像我们对男孩那样充满期望,希望她们能做出非凡的事情。

一方面,我们并没有为女孩提供做大事的准备,另一方面,我们又因为她们的成就不大而指责她们。这就是看不见事情的前因后果导致的。要改变这种状况并不容易,因为不仅仅是父亲,就连母亲都理所当然地认为男性拥有特权。不仅如此,她们还将这种观念教给孩子:

男性拥有权威，男性有权要求女性服从，女性也理当顺从。这样，男孩就有权要求女孩服从他们，而女孩长大之后，就会对此怀有怨恨。所以，要让孩子尽早地知道自己的性别，并了解自己的性别是不可能改变的。正如我们前面所说的那样，有些女孩会对男性权威产生憎恶，如果这种憎恶过于强烈，女孩长大之后就会拒绝接受她们的女性性别，并尽力模仿男性的行为，这在个体心理学上被称为"对男性的抗议"。还有一种情况是，当男女第二性特征开始出现时，由于男女发育畸形或发育不全，也会让他们对自己的性别产生怀疑，如女孩出现男孩的特征，男孩出现女孩的特征。他们有时候会对这种想法深信不疑，但这其实是和他们虚弱的体质有关。在这方面，男性比女性更加明显。如果一个男性身体构造稚嫩、发育不成熟，就会被认为是具有女性特征。这不是正确的看法，因为这个男人实际上更像一个小男孩。由于我们的文明一直把高大威猛、成就显然、超越女性的男性定义为理想的男性形象，因此身体发育不全的男人常常感到自卑和痛苦。同样，一个发育不全、缺乏美貌的女性也会厌恶生活，因为我们的社会过于强调女性的外在美。

性情、脾气一般被人们认为是两性区别之外的第三级特征。人们通常会认为敏感的男孩更像女孩，而那些自信、从容的女孩又常常被认为更具有男孩子气。不过，这些第三特征并不是天生的，而是在后天的环境中习得的。拥有这些特征的人在成年后回想起他们自己在童年时期的性格特征，大都认为那个时候的他们表现得十分古怪、另类，行为举止和女孩或男孩相似。后来，他们带着对性别的不同理解长大成人。

还有一个问题，就是孩子的性发育和性经验发展到何种程度才适合让他们了解。也就是说，到了一定的年龄，孩子对性要有某种程度的了解。关于这个问题，我敢说，超过百分之九十的孩子，在父母或教师向他们讲解性知识的时候已经老早就知道了那些事情。关于性教育，不存在固定的标准，因为一个孩子在多大程度上了解和接受这些知识是无法预知的，我们也无法预料这些知识会对孩子产生什么影响。所以，一旦孩子提出有关性方面的知识，在向他们做出解释之前，我们最好充分考虑一下孩子当时的实际情况或心理。我们不提倡过早地向孩子输入这方面的知识，即使这并不一定会产生坏的影响。

此外，还有一个问题是涉及收养和过继孩子的，这一类问题比较棘手。因为这两类孩子会想当然地把别人对他们的好当成正常的事情，如果受到了严厉的对待，就把问题归因为他们在家庭中的特殊地位。比如，一个失去母亲的孩子，会非常依赖他的父亲，远远超过父母健在的孩子。当他的父亲再娶时，这个孩子就会觉得自己被抛弃了，并下意识地抵触他的继母。有意思的是，有些孩子因为他们的父母对其教育不当，从而把亲生父母当成是继父母，这种态度包含了对他们父母的不满和抱怨。在童话故事中，继父母总是被描写成歹毒、阴险的角色，以至于在现实生活中，继父母也被打上了这样的标签。顺便指出，这些童话并不适合孩子阅读。当然，也不应完全禁止孩子阅读这些童话，因为孩子能从这些童话中了解人性。这些童话应该附上恰当的评语，并且应防止孩子阅读到那些描写暴力场景和残忍行为的故事。有时候，为了让孩子变得坚强，克服温柔性格，人们会借助那些有力量的强者的残忍手段来磨砺孩子的心性。但这其实是一个错误的做法，源自我们的英雄崇拜。男孩子会认为表示同情就会显得自己缺乏男子汉气概，温柔的情感会遭到嘲笑，这是让人难以接受的。其实，只要不被误用或滥用，温柔的情感无疑也是很有价值的，它是一个人不可缺少的情感之一，虽然任何一种情感都有被误用的可能。

与其他孩子相比，私生子的处境更加困难。毫无疑问，在这种状况下，一般都是女人和孩子在承受一切，而男人却自由自在，没有负担，这是很不公平的。受伤害最大的无疑是孩子。无论人们如何试图去帮助他们，都无法消除他们的痛苦，因为常识和现实很快就会告诉他们，他们和别的孩子不一样。作为私生子，他们会受到同伴或他人的嘲笑，国家的法律也让他们的生存变得艰难。所以，他们变得异常敏感，容易与他人发生冲突，对这个世界充满敌对情绪，因为不管是哪一种语言，都能找到一些丑陋、鄙视和带有侮辱性的字眼来形容他们。这就很容易理解，为什么问题儿童和罪犯中有很多是孤儿和私生子了。孤儿和私生子并非天生就孤僻、不合群，这是环境造成的。

外在环境的影响

对于肩负着教育职责的人或教师来说,他们并不是孩子唯一的教育者。外界因素也会波及孩子,间接或直接地影响孩子。换句话说,外界因素通过影响父母的心理,从而影响孩子的人格形成。既然这些情况都是不可避免的,我们就必须考虑它们。

首先,每一个教育者都必须重视经济因素对孩子心理的影响。有些家庭世代贫穷,生活在困苦之中,也因此遭受他人的嘲笑。这些家庭常年笼罩在一种痛苦和悲伤的情绪中,自然也就不能帮助他们的孩子保持一种健康、合作的态度。

另外，我们也要记住，长期处于半饥饿状态或恶劣的生存环境下，会对父母和孩子的身体产生不良的影响，从而也影响心理。这从战后出生的孩子身上可以看到。很明显，他们和前一辈人相比，更难顺利长大。除了经济环境会对孩子的成长产生影响，父母对生理卫生的无知同样会影响孩子，这种无知通常来自父母的腼腆或对孩子的溺爱。父母过分关爱孩子，舍不得孩子吃苦，却又粗心大意。例如，有些父母想当然地以为弯曲的脊柱会随着年龄的增长而恢复正常。他们没有及时带孩子去医院治疗，以至于这种不良的身体状况发展成严重而危险的疾病，并最终影响孩子的心理健康。从个体心理学角度来说，每一个疾病都会成为孩子心理上的"危险的暗礁"，所以要尽量避免孩子生病。

如果不能有效地避免"危险的暗礁"，那么，培养孩子的勇气、丰富他们的社会情感以降低这种危险就势在必行。事实上，一个社会情感不丰富的孩子更容易因为身体上的疾病而影响心理健康。如果这个孩子能融入周围的环境，那么疾病对他的影响就不会那么强烈，至少不会像对一个被宠爱的孩子那样强烈。

调查病例不难看见，那些得百日咳、脑炎等疾病的孩子，心理都会出现问题。人们认为是疾病导致了孩子的心理问题，但实际上，疾病只是诱发了孩子潜在的性格缺陷。在患病期间，孩子看到父母脸上的担忧和焦虑，意识到他们仿佛拥有了某种权力，可以控制家人。当病好了之后，他们还想继续得到家人的关注，就用各种要求来摆布父母。当然，这只发生在缺乏社会情感的孩子身上，因为他们从不会放过任何表现自己的机会。

有趣的是，疾病有时候会起到改善孩子性格的作用，下面这个教师二儿子的故事就可以说明这一点。这位教师有两个儿子，大儿子很听话，但二儿子却问题很多，成绩不好，还常常离家出走。这位教师非常担心他的二儿子，却没有办法。这天，当这位父亲打算送他去改造所的时候，发现孩子得了忧郁型肺结核，这要求父母长期对他进行悉心的照顾。意外的是，病好之后，这个孩子成了家里最乖的孩子。这个孩子需要的是父母对他特别关注，在生病期间，他得到了这种关注。以前他不听话，是因为他生活在优秀的哥哥的阴影下，所以才通过离家出走等叛逆手段来抗争。在生病期间，他得到了自己想要的关心，这让他相信，他也能像哥哥一样受到家人的喜欢，因此他学会了用好的行为来获得父母的关注。

孩子生活中的另一个"暗礁",是与陌生人、家庭的熟人或朋友接触。与这些人接触会给孩子带来不良的影响,因为这些人并不是真正对孩子感兴趣。他们喜欢逗孩子玩,或在短时间内做一些可能给孩子留下深刻印象的事情,如尽力宠爱、夸张的赞美等,这让孩子变得自负,从而给孩子的正常教育带来麻烦。这些事情应该尽力避免,不要让陌生人干扰了父母对孩子的教育。

另外,陌生人常常容易混淆孩子的性别,把小男孩说成是"漂亮的小女孩",或称小女孩为"漂亮的小男孩"这种情况同样需要避免。

家庭环境对孩子的成长是非常重要的,因为通过家庭,孩子能看见家庭参与社会生活的情况,这里是孩子获得合作的第一印象的地方。如果孩子生活在封闭的、不与他人交往的家庭中,他们会把家人和外人之间划分得一清二楚。在他们看来,家庭和外部世界有一道屏障,他们总是以敌对的眼光来看待外部世界。因此,生活在这样家庭中的孩子,不但无法增加孩子的合作能力,还使孩子变得疑心很重,习惯谋求自己的利益。这样,孩子与他人的社会感情自然就无法培养了。

当孩子3岁的时候,就要让他和其他孩子一起玩耍,训练他们与陌生人接触。不然，孩子以后与人交往就会变得害羞、胆怯。那些被过分溺爱的孩子，就很容易形成对他人敌视的态度，总想排挤他人。

在说到家庭环境对孩子的影响时，我们不得不提到经济状况的改变对孩子的影响。如果富裕家庭在孩子年幼时遭遇变故，会给孩子的成长带来很大的不利影响。尤其是对那些深受宠爱的孩子，变故的发生更是让他们难以接受。他们会十分怀念过去的优越生活，并对失去这些而感到痛心疾首。

不过，如果家庭一夜之间变得富裕，对孩子的成长也不是一件有益的事情。这样的父母可能并没有做好合理利用财富的准备，在消费上容易对孩子骄纵，养成不良习惯。我们最近就常常发现暴富家庭中的问题孩子，可以说他们都是很典型的代表。其实，如果适当地培养孩子的合作精神和能力，上面两种不良后果都可以避免。

孩子不但容易受到物质环境的影响，不正常的精神环境同样会对孩子的心理产生不利影响。这里主要指因为家庭而引起他人的偏见，这种偏见大多来自家庭成员某个人的不良行为。例如，父母做了丢人现眼的事情，孩子就会产生很大的心理负担，会带着惶恐来面对未来，

阿德勒：这样和世界相处

总想躲避同伴，害怕被人发现自己的父母是这样的人。

父母的责任不仅仅是教育孩子读书认字，还应该为孩子创造一个健康成长的心理环境，这样，至少让孩子不用比其他孩子承受更多的困难。例如，如果父亲是酒鬼，或脾气暴躁，他就要记住这些都会对他的孩子产生什么样的影响；还有那些总是吵架的父母，受伤最大的往往是孩子。

在圣诞节等节日送给孩子礼物时，父母应该慎重。给孩子送玩具一定要送对，避免送给孩子刀、枪、棍等玩具，还有那些歌颂英雄和战争一类的书籍。

选择什么玩具送给孩子，是有很多讲究的，一条基本的原则就是：我们所挑选的玩具应该能激发孩子的合作意识与创新意识。如果孩子能够自己动手制作玩具，当然比那些买来的玩具，如布娃娃、玩具狗，要更有意义。此外，孩子不应该把动物看成是一种玩具，应该教育孩子把动物看成是人类的伙伴，既不要害怕动物，也不能虐待他们。如果一个孩子喜欢虐待动物，那他就可能会欺负弱小的孩子。所以，如果家里有小猫、小狗等动物，就要让孩子知道：这些动物和人一样，同样能够感受到痛苦。学会和动物相处，是孩子与他人相处的一个准备阶段，这有利于他学会与人相处。

孩子在成长过程中难免会接触到他的一些亲戚，如祖父母等，我们必须以冷静客观的态度来看待祖父母所遭遇的困境和难题。在我们这个时代，祖父母的处境都有点悲剧色彩。随着年龄的增长，他们本该有更多的时间和空间去发展自己的兴趣，但情况却正好相反，老年人觉得自己被社会抛弃了，或被人遗忘在角落里了。这是一个令人遗憾的局面，因为他们可以做的事情还很多。如果他们能够获得更多工作和奋斗的机会，他们会觉得更加幸福。所以，我们不应该强制一个超过60岁的老人从他的工作岗位上退下来。然而，由于风俗的影响，那些充满活力的老人却不被允许再继续工作。后果如何呢？结果就是，老人遭遇的错误对待殃及了我们的孩子。祖父母们总是千方百计地想证明他们还有活力，还有用。于是，他们总是对孙子孙女们的教育指手画脚，证明自己懂得如何教育孩子。

我们常常发现，那些有心理疾病的孩子，大多都得到了祖父母们的宠爱。为什么祖父母的宠爱会使孩子产生心理疾病，这也是能够理解的。因为这种宠爱意味着没有原则，或者会挑起孩子们之间的竞争和嫉妒。很多

阿德勒：这样和世界相处

孩子会对小伙伴说："爷爷最喜欢我"之类的话，一旦他们得不到别人的宠爱，他们就觉得很委屈。

要想消除外表美对孩子成长带来的伤害，唯一的办法就是让孩子认识到，还有很多东西比外表美更重要，例如健康以及与人相处的能力。外表美虽然让人看着舒服，人们也希望拥有美丽的外表，但我们对生活需要合理规划，不能把一种价值和其他价值分开来，并被认为是最高的目标。一个长得很好看的人，并不一定就能过上理性、美好的生活。事实上，罪犯有相貌丑陋的，也有容貌姣好的。那些容貌姣好的孩子之所以走上犯罪的道路，也是很容易理解的：他们觉得自己长得漂亮，受到大家的喜爱，就可以不劳而获。所以，他们并没有做好生活的准备，但后来他们发现，不付出努力是无法解决问题的。于是，他们选择了一条不劳而获的捷径，就是犯罪。正如诗人维吉尔所说："通往地狱的道路是最好走的……"

孩子的阅读也属于一项外部环境，接下来我们简单谈谈孩子们的读物。什么样的书籍适合孩子阅读呢？童话故事应该如何处理？如何让孩子阅读《圣经》这样的书？在这个问题上，人们常常忽略的是，孩子们理解事情的方式和大人们完全不一样，孩子总是根据自己的兴趣来理解事情。例如，如果一个孩子比较胆小，他就会在《圣经》中寻找那些赞美胆小的故事，从而心安理得地继续胆小。所以，童话故事或《圣经》等给孩子阅读的书，应该加上一些评论和解释，以便让孩子理解它原来的意思，而不是孩子的主观判断。

童话故事不仅孩子们喜欢，甚至大人也能从中获得教益，但需要注意的是，今天的孩子对那些产生于特定时代的故事会有一些陌生感。他们阅读的内容是在与今天完全不同的时代创作的，应该让孩子知道神奇故事都是人创作的。如果加上恰当的评论，童话故事是可以培养孩子的合作精神的，也可以开阔他们的眼界。

至于电影，1岁的孩子看什么电影都不会有问题，但稍大一些的孩子则可能误解电影的内容，童话剧也一样。例如，一个4岁的孩子在剧院看过一个童话剧后，多年以后都还相信世界上真的存在卖毒苹果的女人。父母有必要向孩子解释清楚，直到确信他们能够正确理解电影的内容。

报纸和图书一样，都应该避免孩子接触。报纸是为成人设计的，反映的不是孩子的视角。普通报纸呈现出的常常是一些歪曲的生活画面，会让孩子相信我们的生活充满了谋杀、犯罪和各种天灾人祸。某些地方有专门为孩子设计的报纸，这是好事情。

以上只是列举了几个影响孩子成长的外部环境中的几个小因素，但它们却是最重要的部分。父母和教师在教育孩子时，一定要考虑这些外在的因素。